Ingrid Obermeier

CD22-knock in-Mäuse

Ingrid Obermeier

CD22-knock in-Mäuse

Generierung und Charakterisierung

Südwestdeutscher Verlag für Hochschulschriften

Impressum/Imprint (nur für Deutschland/only for Germany)
Bibliografische Information der Deutschen Nationalbibliothek: Die Deutsche Nationalbibliothek verzeichnet diese Publikation in der Deutschen Nationalbibliografie; detaillierte bibliografische Daten sind im Internet über http://dnb.d-nb.de abrufbar.
Alle in diesem Buch genannten Marken und Produktnamen unterliegen warenzeichen-, marken- oder patentrechtlichem Schutz bzw. sind Warenzeichen oder eingetragene Warenzeichen der jeweiligen Inhaber. Die Wiedergabe von Marken, Produktnamen, Gebrauchsnamen, Handelsnamen, Warenbezeichnungen u.s.w. in diesem Werk berechtigt auch ohne besondere Kennzeichnung nicht zu der Annahme, dass solche Namen im Sinne der Warenzeichen- und Markenschutzgesetzgebung als frei zu betrachten wären und daher von jedermann benutzt werden dürften.

Coverbild: www.ingimage.com

Verlag: Südwestdeutscher Verlag für Hochschulschriften GmbH & Co. KG
Dudweiler Landstr. 99, 66123 Saarbrücken, Deutschland
Telefon +49 681 37 20 271-1, Telefax +49 681 37 20 271-0
Email: info@svh-verlag.de

Zugl.: Erlangen, Universität, Dissertation, 2011

Herstellung in Deutschland:
Schaltungsdienst Lange o.H.G., Berlin
Books on Demand GmbH, Norderstedt
Reha GmbH, Saarbrücken
Amazon Distribution GmbH, Leipzig
ISBN: 978-3-8381-2984-6

Imprint (only for USA, GB)
Bibliographic information published by the Deutsche Nationalbibliothek: The Deutsche Nationalbibliothek lists this publication in the Deutsche Nationalbibliografie; detailed bibliographic data are available in the Internet at http://dnb.d-nb.de.
Any brand names and product names mentioned in this book are subject to trademark, brand or patent protection and are trademarks or registered trademarks of their respective holders. The use of brand names, product names, common names, trade names, product descriptions etc. even without a particular marking in this works is in no way to be construed to mean that such names may be regarded as unrestricted in respect of trademark and brand protection legislation and could thus be used by anyone.

Cover image: www.ingimage.com

Publisher: Südwestdeutscher Verlag für Hochschulschriften GmbH & Co. KG
Dudweiler Landstr. 99, 66123 Saarbrücken, Germany
Phone +49 681 37 20 271-1, Fax +49 681 37 20 271-0
Email: info@svh-verlag.de

Printed in the U.S.A.
Printed in the U.K. by (see last page)
ISBN: 978-3-8381-2984-6

Copyright © 2011 by the author and Südwestdeutscher Verlag für Hochschulschriften GmbH & Co. KG and licensors
All rights reserved. Saarbrücken 2011

1 Inhaltsverzeichnis

1 Inhaltsverzeichnis 1
2 Einleitung 5
   2.1 Die B-Zellrezeptor-Signalleitung 5
   2.2 Die Familie der Siglecs 6
   2.3 CD22 7
      2.3.1 CD22 als inhibitorischer Korezeptor des B-Zell-Rezeptors 8
      2.3.2 Rolle der CD22-Ligandenbindung 10
      2.3.3 *Knock out-* und *knock in-*Mäuse 12
         2.3.3.1 CD22-*knock out*-Mäuse 12
         2.3.3.2 CD22-*knock in*-Mäuse 14
         2.3.3.3 ST6GalI-*knock out*-Mäuse 14
3 Zielsetzung 16
4 Material und Methoden 17
   4.1 Material 17
      4.1.1 Versuchstiere 17
      4.1.2 Antikörper 17
      4.1.3 Antibiotika, Inhibitoren 19
      4.1.4 Puffer, Medien, Lösungen 19
      4.1.5 Chemikalien 26
      4.1.6 Enzyme und Wachstumsfaktoren 28
      4.1.7 Kits 28
      4.1.8 Geräte 28
      4.1.9 Software 29
   4.2 Methoden 30
      4.2.1 Zellbiologische und immunologische Methoden 30
         4.2.1.1 Organentnahme und Aufarbeitung 30
         4.2.1.2 T-Zell-Depletion durch Komplement-Lyse 30
         4.2.1.3 FACS 30
         4.2.1.4 Sialidasebehandlung zur Demaskierung von CD22 31
         4.2.1.5 Calcium-Messung 31

4.2.1.6	ELISA	32
4.2.1.7	Konfokale Fluoreszenzmikroskopie	32
4.2.1.8	^{3}H-Thymidin-Proliferationsassay	33
4.2.2	Mausexperimente *in vivo*	33
4.2.2.1	BrdU-Fütterung	33
4.2.2.2	‚Homing' zum Knochenmark von CFSE-markierten Zellen	34
4.2.2.3	Immunisierung mit TNP-Ficoll	34
4.2.3	Kultivierung embryonaler Stammzellen (ES-Zellen)	35
4.2.3.1	Kultur von embryonalen Fibroblasten (EMFIs)	35
4.2.3.2	ES-Zellen auftauen und passagieren	35
4.2.3.3	ES-Zellen wegfrieren	35
4.2.3.4	ES-Zellen elektroporieren und selektionieren	36
4.2.3.5	ES-Zell-Klone picken	36
4.2.3.6	ES-Zell-Klon-‚Screening'	37
4.2.3.7	ES-Zellen zur Blastocysteninjektion vorbereiten	38
4.2.4	Biochemische Methoden	39
4.2.4.1	SDS-Page	39
4.2.4.2	Immunpräzipitation	40
4.2.5	Nukleinsäure-spezifische Methoden	41
4.2.5.1	Transformation kompetenter Bakterien	41
4.2.5.2	Maxiprep	41
4.2.5.3	DNA-Isolation aus Mäuseschwänzen	42
4.2.5.4	Typisierung der Mäuse mittels PCR	42
4.2.5.5	Isolation genomischer DNA aus ES-Zell-Klonen	43
4.2.5.6	Phenol-Chloroform-Extraktion	43
4.2.5.7	Southern Blot	43
5	Ergebnisse	45
5.1	Generierung und Charakterisierung von CD22-ITIMko-Y2,5,6F ES-Zell-Klonen	45
5.1.1	Strategie	45
5.1.2	Generierung von ES-Zell-Klonen	46
5.1.3	Charakterisierung der ES-Zell-Klone	49
5.1.3.1	Wiederholung der Screening-PCR in höheren Passagen	49
5.1.3.2	Überprüfung der Mutationen mit PCR und Verdau	50

5.1.3.3   Sequenzierung der Subklone 51
5.1.3.4   Überprüfung der Subklone im Southern Blot 52
5.1.4   Blastocysten-Injektion 52
5.2   Charakterisierung von CD22 *knock in*-Mäusen 53
5.2.1   Herstellung der *knock in*-Mauslinien CD22-R130E und CD22-Y5,6F 53
5.2.2   Überprüfung der Mutationen auf ihre Funktionalität 54
5.2.2.1   CD22-R130E-Mauslinie 54
5.2.2.2   CD22-Y5,6F-Mauslinie 56
5.2.3   Expression von CD22 an der Zelloberfläche 56
5.2.4   Messung des Ca^{2+}-Einstroms 57
5.2.5   Analyse der B-Zell-Populationen 59
5.2.5.1   Knochenmark 60
5.2.5.2   Milz 62
5.2.6   Thymus-unabhängige Immunantwort Typ 2 64
5.2.7   BrdU-Inkorporation zur Bestimmung des B-Zell-'turnover' 66
5.2.8   Wanderung von CFSE-beladenen B-Zellen zu Knochenmark und Milz .. 68
5.2.9   Assoziation von CD22 mit dem BZR 70
5.2.9.1   Koimmunpräzipitation 70
5.2.9.2   Konfokale Fluoreszenzmikroskopie 71

6   Diskussion 74
6.1   Generierung von Y2,5,6F-ES-Zellen 74
6.2   Charakterisierung der *knock in*-Mauslinien CD22-R130E und CD22-Y5,6F . 76
6.2.1   Überprüfung der Mutationen 76
6.2.2   Analyse des Phänotyps der CD22 *knock in*-Mäuse 78
6.2.2.1   Signalleitung 78
6.2.2.2   Analyse der B-Zell-Populationen und turnover 80
6.2.2.3   TI2-Immunantwort 82
6.3   Ausblick 83

7   Zusammenfassung 84

8   Summary 85

9   Literatur 86

10   Verzeichnisse 95
10.1   Abbildungsverzeichnis 95

10.2 Abkürzungsverzeichnis 96

11 Primer und Vektoren 99

   11.1 Primersequenzen 99

   11.2 Vektorkarten 100

2 Einleitung

2.1 Die B-Zellrezeptor-Signalleitung

Die Signalleitung des B-Zellrezeptors (BZR) geschieht nicht über die membranständige Form von IgM selbst, sondern über das Heterodimer Igα/Igβ (CD79a/CD79b), das mit IgM assoziiert ist (Schamel and Reth, 2000). Sowohl Igα als auch Igβ besitzen in ihrer intrazellulären Domäne je ein ITAM (immunoreceptor tyrosine-based activation motif), das nach der Kreuzvernetzung des BZR phosphoryliert wird und zur Rekrutierung von Protein-Tyrosin-Kinasen wie Lyn und Syk führt (Kurosaki, 2010). Daraufhin kann die Signalleitung einen von zwei Hauptwegen einschlagen, über PL (Phospholipase) C-γ2 oder PI3K (Phosphatidylinositol-3 Kinase).

BLNK/SLP65 und Syk können an phosphoryliertes Igα/Igβ binden, woraufhin Syk SLP65 phosphoryliert und letzteres PLC-γ2 und Btk (Bruton's tyrosine kinase) rekrutiert (Engelke et al., 2007). Die daraufhin erfolgende Phosphorylierung und Aktivierung von PLC-γ2 führt zur Spaltung von PIP2 (Phosphatidyl-Inositol-4,5-bisphosphat) zu IP3 (Inositol-1,4,5-triphosphat) und DAG (Diacylglycerol). Die Bindung von IP3 an seinen Rezeptor IP3R (ein IP3-gesteuerter Calciumkanal in der Membran des endoplasmatischen Reticulums) führt zur Freisetzung von Calcium aus dem Lumen des endoplasmatischen Reticulums (Kurosaki, 2010; Niiro and Clark, 2002). Dies wiederum führt zum Ca^{2+}-Einstrom aus dem extrazellulären Raum durch STIM1 (stromal interaction molecule 1)-gesteuerte CRAC (Ca^{2+}-release activated Ca^{2+})-Kanäle (Zhang et al., 2005). Dabei misst STIM1 die Depletion des Calciumvorrats im ER und wandert zur Plasmamembran, wo es die Dimerisierung von ORAI-Dimeren initiiert, welche die Calcium-spezifische Pore des CRAC-Kanals ausmachen (Engelke et al., 2007; Penna et al., 2008). Das Calcium im Zellinneren kann sodann an Calmodulin, eine Untereinheit der Phosphatase Calcineurin, binden, die sodann Transkriptionsfaktoren, in erster Linie NF-AT, aktiviert (Engelke et al., 2007). Im Gegenzug aktiviert DAG über die Proteinkinase C und RasGRP (Ras guanine nucleotide releasing protein) NF-κB (nuclear factor of κ enhancer of B cells) und den MAPK (mitogen-activated protein kinase)-Signalweg (Kurosaki, 2010; Niiro and Clark, 2002). Der MAPK-Weg kann möglicherweise auch über Grb2 beeinflusst werden, da in B-Zell-spezifischen Grb2-knock out-Mäusen eine geringere Ras-Phosphorylierung (der Beginn der MAPK-Kaskade) festgestellt werden konnte (Ackermann et al., 2011).

BCAP (B cell adaptor molecule for PI3K) bindet nach seiner Phosphorylierung durch Syk und Btk an PI3K, eine Kinase die die Phosphorylierung von PIP2 zu PIP3 (Phosphatidyl-Inositol-4,5-triphosphat) katalysiert. Im weiteren Verlauf der Signalleitung wird Akt phophoryliert, was das Überleben und die Proliferation der B-Zellen fördert und zudem Jnk aktiviert (Kurosaki, 2010). Wie BCAP-defiziente B-Zellen zeigen, sind die Signalwege nicht strikt getrennt, sondern BCAP kann auch über die Phosphorylierung von PLC-γ2 das Ca^{2+}-Signal modulieren (Yamazaki et al., 2002). Darüber hinaus kann BCAP über c-Rel und NF-κB in die Genregulation eingreifen (Kurosaki, 2010). Vav (ein Guanin-Nukleotid-Austauschfaktor) kann sowohl über die Bindung an Grb2 und BLNK als auch seinen Einfluss über Rac1 auf PI3K das Calciumsignal positiv beeinflussen (Kurosaki, 2010).

2.2 Die Familie der Siglecs

Die Familie der Siglecs (Sialic acid-binding immunoglobulin-like lectins) gehört zur Ig-Superfamilie und wird in zwei Gruppen unterschieden. Eine Gruppe besteht aus Sialoadhesin, MAG, Siglec-15 und CD22 und ist hochkonserviert innerhalb der Säugetiere. Die andere Gruppe wird CD33-verwandte Siglecs genannt und beinhaltet u.a. CD33 und SiglecG. Diese Gruppe entwickelt sich schnell und weist nur wenig Homologie zwischen den Arten auf (Crocker et al., 2007). Wie in Abb. 1 schematisch dargestellt, beinhaltet diese Untergruppe bei Mäusen fünf verschiedene Siglecs, während die Anzahl der humanen CD33-verwandten Siglecs doppelt so groß ist. Die Mitglieder beider Subfamilien sind, mit Ausnahme von MAG, das auf Gliazellen exprimiert wird, auf Zellen des Immunsystems zu finden (Crocker et al., 2007). Allen Siglecs ist die namengebende Sialinsäurebindung gemein, die je nach Siglec verknüpfungsspezifisch sein kann, wie bei CD22, das ausschließlich α2-6-verknüpfte Sialinsäuren binden kann (Kelm et al., 1994a; Kelm et al., 1994b; Powell et al., 1993; Sgroi et al., 1993; van der Merwe et al., 1996). Die meisten der Siglecs tragen in ihrem cytoplasmatischen Teil mindestens eine ITIM- (immunoreceptor tyrosine-based inhibitory motif) Domäne, wodurch diese Siglecs als negative Regulatoren auf den jeweiligen Immunzellen fungieren (Daeron et al., 2008; Nitschke, 2009). ITAM-tragende Siglecs werden häufig als Korezeptoren von aktivierenden Signalmolekülen exprimiert, deren Signal sie inhibieren (Nitschke, 2009).

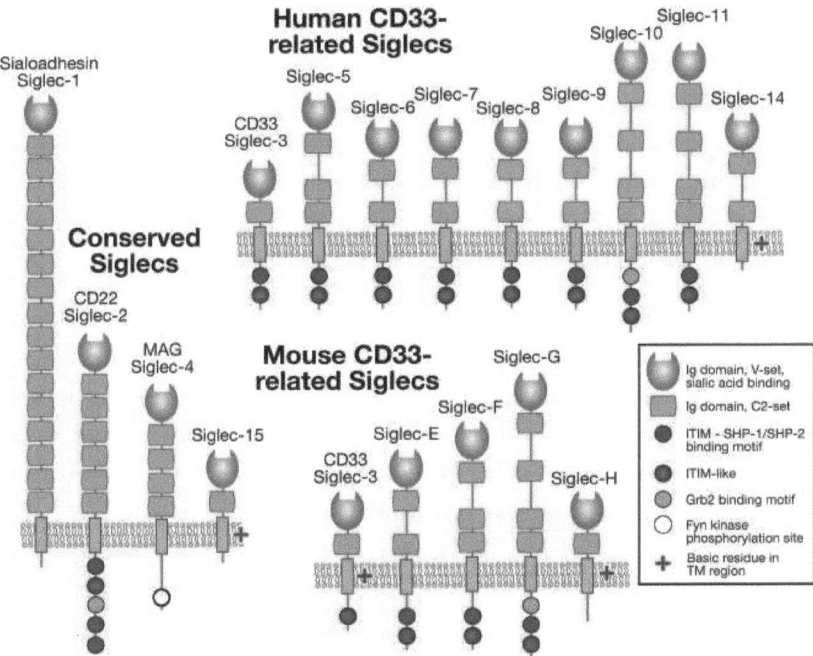

Abb. 1: Familie der Siglecs. Schematische Darstellung der Familie der Siglecs. Siglecs werden unterschieden in konservierte Siglecs, dazu gehören u.a. Sialoadhesin und CD22, und in die CD33-verwandten Siglecs, u.a. mit CD33 und SiglecG (Varki and Cummings, 2009).

2.3 CD22

CD22 ist ein 140kD großes Transmembranprotein vom TypI aus der Familie der Siglecs, das ausschließlich auf B-Zellen exprimiert wird (Nitschke, 2009). In der äußersten der sieben extrazellulären Ig-Domänen besitzt es eine Bindestelle, die spezifisch für α-2,6-verknüpfte Sialinsäuren ist (Kelm et al., 1994a; Kelm et al.,

1994b; Powell et al., 1993; Sgroi et al., 1993; van der Merwe et al., 1996). Im intrazellulären Teil trägt CD22 drei ITIM-(immunoreceptor tyrosine-based inhibitory motif) Domänen (Daeron et al., 2008; Nitschke, 2009; Nitschke et al., 1997), deren hochkonservierte Tyrosine (Y783, Y843, Y863) von Lyn, einer Kinase der Src-Familie phosphoryliert werden können (Blasioli et al., 1999; Chan et al., 1998; Nitschke, 2009; Smith et al., 1998). Wenn man zusätzlich zur kanonischen Konsensussequenz für ITIMs (ILV-xxYxxLV) auch nach der permissiven ITIM Konsensussequenz (VxYxxI) sucht, findet sich eine weitere ITIM-Domäne um Tyrosin 817 (Daeron et al., 2008). Desweiteren wurde eine Bindestelle für Grb2 mit einem weiteren konservierten Tyrosin (Y828) identifiziert (Otipoby et al., 2001; Yohannan et al., 1999). Nach der Phosphorylierung der ITIM-Tyrosine bindet in erster Linie SHP-1 mit seiner Src homology 2 (SH2)-Domäne an CD22 (Blasioli et al., 1999; Doody et al., 1995) und leitet die Inhibition des BZR-induzierten Calciumsignals ein.

CD22 wird im Laufe der B-Zellentwicklung ab dem Stadium der Prä-B-Zellen bis einschließlich der Gedächtnis-B-Zellen exprimiert, lediglich auf Plasmazellen ist es nicht mehr zu finden (Stoddart et al., 1997). Wie jedoch die Analyse von CD22$^{-/-}$-Mäusen gezeigt hat, spielt CD22 keine entscheidende Rolle in der B-Zell-Entwicklung im Knochenmark, da alle Stadien zwischen Prä- und unreifen B-Zellen vergleichbar mit dem Wildtyp sind (Nitschke et al., 1997; O'Keefe et al., 1996; Otipoby et al., 1996; Sato et al., 1996; Stoddart et al., 1997). In der Peripherie trägt CD22 jedoch zur Entwicklung der Marginalzonen-B-Zellen bei (Samardzic et al., 2002; Sato et al., 1996) und vereinzelt wurde in CD22-defizienten Mäusen von erhöhten B1-B-Zellzahlen im Peritoneum berichtet (O'Keefe et al., 1996; Sato et al., 1996). Zusätzlich gibt es Hinweise darauf, dass CD22 bei der Aufrechterhaltung der B-Zell-Homöostase in der Peripherie zusammen mit BLys eine Rolle spielt (Smith et al., 2010).

2.3.1 CD22 als inhibitorischer Korezeptor des B-Zell-Rezeptors

Es konnte gezeigt werden, dass zumindest ein Teil von CD22 auf der B-Zell-Oberfläche konstitutiv mit dem BZR assoziiert ist, wenn auch die Daten über den prozentualen Anteil zwischen ca.1% und 15% schwanken (Peaker and Neuberger,

1993; Zhang and Varki, 2004). Diese räumliche Nähe erlaubt es CD22 als Korezeptor zu fungieren und das BZR-Signal zu modulieren. Dabei wird CD22 nach der Kreuzvernetzung des BZR an den Tyrosinen seiner ITIMs phosphoryliert (Doody et al., 1995), ein Vorgang der – ebenso wie teilweise auch die Phosphorylierung von Igα/β (Rolli et al., 2002) – über die Src Kinase Lyn abläuft, wie in Lyn-defizienten Mäusen gezeigt werden konnte (Smith et al., 1998). Die Phosphorylierung der ITIM-Domänen ermöglicht sodann die Bindung von SHP-1 (Abb. 2) an CD22 (Blasioli et al., 1999; Doody et al., 1995). Durch die Rekrutierung von SHP-1 kann sodann ein Komplex aus SHP-1, CD22 und der Calciumpumpe PMCA4 (*plasma membrane calcium ATPase*) gebildet werden, der PMCA4 aktiviert und den Transport von Ca^{2+} aus dem Zytoplasma forciert, wodurch die intrazelluläre Ca^{2+}-Konzentration wieder erniedrigt wird (Chen et al., 2004). Zelllinienexperimente mit mutiertem CD22 zeigten, dass vor allem die Tyrosine 843 und 863 für die Bindung von SHP-1 benötigt werden (Otipoby et al., 2001). In CD22-defizienten Mäusen konnte zudem neben einer verringerten SHP-1-Bindung eine erhöhte Phosphorylierung von Vav-1, CD19 und BLNK, allesamt positive Regulatoren des Ca^{2+}-Signals, beobachtet werden (Fujimoto et al., 1999; Gerlach et al., 2003; Nitschke, 2005; Sato et al., 1997; Walker and Smith, 2008).

Zusätzlich konnte gezeigt werden, dass die follikulären B-Zellen CD22-defizienter Mäuse durch Ligandinteraktionen von TLR 4, 7, 9 (Jellusova et al., 2010) und auch TLR 3 (Kawasaki et al., 2010) verstärkt proliferieren, was ein inhibitorische Funktion von CD22 für diese Signalleitung nahelegt. Diese inhibitorische Funktion kann durch anti-CD22-Antikörper beeinträchtigt werden, was möglicherweise darauf hindeutet, dass CD22 mit den TLRs kolokalisiert sein muss, um deren Signalleitung inhibieren zu können (Kawasaki et al., 2010).

Zelllinienexperimente zeigten, dass zwei der Tyrosine (Y843 und Y863) im cytoplasmatischen Teil von CD22 ein Bindemotiv für AP50 bilden, einem ‚clathrin-coated pit' Adapterprotein, was die Clathrin-vermittelte Endocytose von CD22 ermöglicht (John et al., 2003). Interessanterweise sind diese beiden Tyrosine auch Bestandteil von zwei der ITIM-Domänen von CD22 (Blasioli et al., 1999; Doody et al., 1995). Im Rahmen dieser Endozytose kann CD22 auch Glycan-Ligand-basierte ‚Fracht' ins Endosom schleusen, während CD22 selbst wieder zur Oberfläche zurücktransportiert und nicht degradiert wird. (O'Reilly et al., 2011).

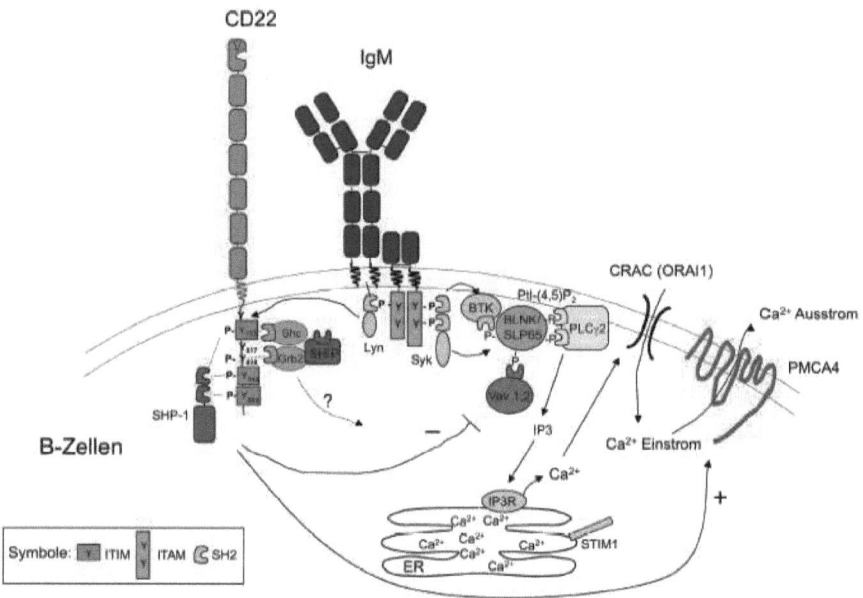

Abb. 2: Modulation des BZR-induzierten Ca^{2+}-Signals durch CD22. Schematische Darstellung wie CD22 das Calciumsignal des BZR nach Kreuzvernetzung inhibiert (Nitschke, 2009).

2.3.2 Rolle der CD22-Ligandenbindung

Die äußerste extrazelluläre Domäne von murinem CD22 bindet N-Glycolylneuraminsäure (humanes CD22 bindet zusätzlich noch N-Acetylneuraminsäure) spezifisch in α2,6-Verknüpfung zu Galaktose (Nitschke, 2009). In in vitro-Experimenten wurden die Arginine 130 und 137 als die kritischen Aminosäuren für die Bindung dieser Liganden identifiziert (van der Merwe et al., 1996). Diese Zucker kommen auf der Oberfläche vieler Zellen vor (Powell et al., 1995), so dass eine Bindung von CD22 sowohl *in cis* als auch *in trans* möglich ist, aber auch eine Bindung von löslichen Glykoproteinen ist denkbar (Nitschke, 2009). Meist ist der überwiegende Teil von CD22 tatsächlich *in cis* gebunden und damit für Liganden auf anderen Zellen ‚maskiert', sofern die B-Zellen nicht mit Sialidase behandelt werden, um die *cis*-Bindungen aufzubrechen (Collins et al., 2002; Danzer et al., 2003; Floyd et al., 2000; Razi and Varki, 1998). Eine Aktivierung der B-Zellen hebt diese Maskierung jedoch auf (Razi and Varki, 1998), und auch einige B-Zell-Subpopulationen wie Marginalzonen-B-Zellen, transitionelle B-Zellen und reife rezirkulierende B-Zellen im Knochenmark weisen ‚unmaskiertes' CD22 auf ihrer Zelloberfläche auf (Danzer et al., 2003; Floyd et al., 2000; Razi and Varki, 1998).

Für die Inhibition des BZR-Signals ist die räumliche Nähe von CD22 zum BZR ausschlaggebend (Doody et al., 1995). Es konnte gezeigt werden, dass sowohl IgM als auch CD45 *cis*-Bindungspartnern von CD22 sein können, allerdings hat die Mutation der Sialinsäurebindestelle von CD22 in Zelllinien keinen Effekt auf diese Assoziation (Zhang and Varki, 2004). Daher scheint es sich bei diesen Interaktionen um Protein-Protein-vermittelte Effekte zu handeln. Jedoch kann ein Sialinsäure-Analogon das Ko-Capping von CD22 mit dem BZR nach der B-Zell-Aktivierung verhindern, wie in konfokaler Mikroskopie gezeigt werden konnte (Yu et al., 2007). Die *cis*-Ligandenbindung scheint für die Bildung von CD22-Homomultimeren verantwortlich zu sein (Han et al., 2005). Zusätzlich gaben Zelllinienexperiment auch Hinweise darauf, dass die *cis*-Ligandbindung von CD22 eine Rolle für die inhibitorische Funktion und die Modulation des Ca^{2+}-Signals spielt (Jin et al., 2002; Kelm et al., 2002). Bisher konnte dies jedoch im Mausmodell nicht bestätigt werden (Poe et al., 2004). So wurde auch bei ST6Gall-knock out-Mäusen zwar eine vermehrte Assoziation von CD22 mit dem BZR gefunden (Grewal et al., 2006), jedoch kein höheres Calciumsignal (Hennet et al., 1998).

Die Bindung von Liganden *in trans* an CD22 wird für die Migration von B-Zellen zum Knochenmark verantwortlich gemacht, da CD22-Liganden auf sinusoidalen Endothelzellen des Knochenmarks exprimiert werden. Diese Liganden auf dem Endothel konnten mit CD22-Fc, einem Fusionsprotein aus dem Fc-Teil von humaem IgG1 und den drei äußersten N-terminalen Domänen von murinem CD22, angefärbt werden, und das ‚homing' der B-Zellen zum Knochenmark konnte *in vivo* durch die Injektion mit CD22-Fc inhibiert werden (Nitschke et al., 1999). Während sowohl CD22-defiziente (Nitschke et al., 1997; Otipoby et al., 1996; Sato et al., 1996) als auch Mäuse mit fehlender Ligandenbindung (Poe et al., 2004) weniger reife, rezirkulierende B-Zellen im Knochenmark aufweisen, konnte jedoch keine veränderte Migration von B-Zellen mit mutierter Ligandenbindedomäne zum Knochenmark festgestellt werden (Poe et al., 2004). Dagegen ist bei ST6Gall-knock out-Mäusen, die keine natürlichen CD22-Liganden mehr bilden können, das ‚homing' von B-Zellen beeinträchtigt (Ghosh et al., 2006). Ob und welche Rolle die Ligandbindung in trans für die inhibitorische Funktion von CD22 spielt, ist nach wie vor unklar. So konnte nachgewiesen werden, dass CD22 trotz seiner Maskierung *in cis* zu Stellen des Zell-Zell-Kontakts wandern kann (Collins et al., 2004). Allerdings wurde auch mehrfach festgestellt, dass die *cis*-Ligandbindung beseitigt werden muss, bevor trans-Liganden mit CD22 interagieren können (Collins et al., 2006a; O'Reilly et al., 2008). Lediglich hochaffine Ligandkonstrukte (Yang et al., 2002) und künstliche Antigen-Ligand-Konstrukte, die sowohl an den BZR als auch an CD22 binden können, sind in der Lage die *cis*-Maskierung zu überwinden (Courtney et al., 2009). CD22-*trans*-Liganden befinden sich auf dendritischen Zellen, T-Zellen, Neutrophilen, Monocyten und Erythrozyten (Engel et al., 1993; Santos et al., 2008; Sgroi et al., 1993). Kürzlich wurden über ‚photo-cross-linking' von CD22-Fc zu humanen B-Zellen oder B-Zelllinien mehrere mögliche CD22-*trans*-Liganden identifiziert, darunter CD45, CD22 selbst und auch IgM. In weiteren Experimenten konnte v.a. die Interaktion zwischen IgM und CD22 bestätigt werden (Ramya et al., 2010). Da einige B-Zell-Subpopulationen einen veränderten Anteil an maskiertem CD22 aufweisen (Danzer et al., 2003; Floyd et al., 2000; Razi and Varki, 1998), scheint das Gleichgewicht zwischen *cis*- und *trans*-Interaktionen recht dynamisch zu sein (Walker and Smith, 2008).

2.3.3 *Knock out-* und *knock in*-Mäuse

2.3.3.1 CD22-*knock out*-Mäuse

Der herausragendste Phänotyp von CD22-defizienten Mäuse ist das erhöhte Calciumsignal nach der BZR-Kreuzvernetzung (Nitschke et al., 1997; O'Keefe et al., 1996; Otipoby et al., 1996; Sato et al., 1996). Dieses Phänomen, das auch Lyn-defiziente Mäuse auszeichnet (Gross et al., 2009), ist auf die mangelnde inhibitorische Beeinflussung des BZR-Signals durch die ITIM-Domänen von CD22 zurückzuführen, d.h. die fehlende Bindung von SHP-1 (Doody et al., 1995; Gerlach et al., 2003; Nitschke, 2005; Otipoby et al., 2001; Pao et al., 2007). Zusätzlich ist die fehlende Interaktion von CD22 mit der Calciumpumpe PMCA4 vermutlich sowohl an der Erhöhung des Ca^{2+}-Signals als auch an dessen längerer Dauer beteiligt (Chen et al., 2004). Trotzdem scheint CD22 keinerlei Rolle in der B-Zellentwicklung, in der es von Prä-B- bis Gedächtnis-B-Zell-Stadium exprimiert wird, zu spielen, da in CD22-defizienten Mäuse eine vollkommen normale Reifung im Knochenmark zu beobachten ist (Nitschke et al., 1997; O'Keefe et al., 1996; Otipoby et al., 1996; Sato et al., 1996). Bei der Betrachtung der B-Zellpopulationen in der Peripherie lässt sich eine Reduktion der Anzahl rezirkulierender B-Zellen im Knochenmark feststellen, was wohl auf die bereits erwähnte fehlende Ligandenbindung in trans mit den sinusoidalen Endothelzellen des Knochenmarks zurückzuführen ist (Nitschke et al., 1999). Zum anderen ist die Zahl der Marginalzonen-B-Zellen in $CD22^{-/-}$-Mäusen deutlich erniedrigt, wodurch auch die Immunantwort gegen Thymus-unabhängige Antigene beeinträchtigt ist (Samardzic et al., 2002). MZ-B-Zellen kennzeichnen sich durch die Expression von CD21hi, CD1dhi und CD23lo-int und sind an der Grenze von roter und weißer Pulpa zu finden. Sobald sie ihr Antigen erkennen, wandern sie von dort in die rote Pulpa, wo sie zu Plasmazellen differenzieren, dem einzigen B-Zell-Stadium, das kein CD22 mehr exprimiert (Pillai et al., 2005). Es wurde bisher vermutet, dass das erhöhte Ca^{2+}-Signal in $CD22^{-/-}$-B-Zellen für die veränderte MZ-Population verantwortlich ist, da die Entscheidung zwischen MZ- und follikulären B-Zellen von der Stärke des BZR-Signals abhängt, wie in einigen genetischen Mausmodellen gezeigt wurde (Niiro and Clark, 2002; Pillai and Cariappa, 2009). Diese Art der Entscheidung des Zellschicksals konnte bereits für andere knock out-Mäuse beobachtet werden (Cariappa et al., 2001). Es wurden – zumindest teilweise – für einige knock out-Mäuse mit stärkerem BZR-Signal vergrößerte B1-B-Zellzahlen beschrieben (Chan et al., 1997; Hibbs et al., 1995; Pao et al., 2007; Sato et al., 1997). Dieses Phänomen konnte jedoch nur in zwei der vier verschiedenen CD22-knock out-Linien beobachtet werden (Nitschke et al., 1997; O'Keefe et al., 1996; Otipoby et al., 1996; Sato et al., 1996). Ebenso wurde nur in einer dieser Mauslinien eine Tendenz zur Autoimmunität nachgewiesen (O'Keefe et al., 1999), was u. U. nicht auf das Fehlen von CD22 sondern auf den gemischten Hintergrund aus 129/Sv und Bl/6 zurückzuführen ist. So wurde nachgewiesen, dass einzelne 129-stämmige Chromosomenstücke im Bl/6-Hintergrund zu Autoimmunität beitragen (Bygrave et al., 2004; Heidari et al., 2006). Eines davon (*Sle3*) befindet sich in der Nähe von *cd22* und bleibt wohl bei einer Rückkreuzung von 129/Sv nach Bl/6 selbst nach mehreren Generationen erhalten (Nitschke, 2009; Walker and Smith, 2008).

Zusätzlich zur ihrer erhöhten Migrationsfähigkeit (Samardzic et al., 2002) haben reife CD22-defiziente B-Zellen einen aktivierten Phänotyp wie die vermehrte Expression von MHCII und die Verringerung von IgM auf der Zelloberfläche zeigen. Darüber hinaus ist ein erhöhter B-Zell-*turnover* und eine verstärkte durch anti-IgM-induzierte Apoptoserate zu beobachten (Nitschke et al., 1997; O'Keefe et al., 1996; Otipoby et al., 1996; Sato et al., 1996).

2.3.3.2 CD22-*knock in*-Mäuse

Poe et al. haben zwei *knock in*-Mauslinien generiert, die entweder ein verkürztes CD22-Molekül ohne die äußersten beiden Ig-Domänen exprimieren oder deren Sialinsäurebindung durch die Mutation der beiden entscheidenden Argininreste an Position 130 und 137 zu Alanin unterbunden ist (Poe et al., 2004). Beide Mäuse zeigen eine geringere CD22- und IgM-Expression auf den B-Zellen, MHCII wird jedoch verstärkt exprimiert. Neben diesem aktivierten Erscheinungsbild proliferieren die Zellen *in vitro* nach BZR-Stimulation weniger. Die *turnover*-Rate *in vivo* dagegen ist im Vergleich zum Wildtyp erhöht. Während diese Merkmale mit den CD22-*knock out*-Mäusen übereinstimmen, findet sich keine Ähnlichkeit bezüglich des Calciumsignals und der intrazellulären Tyrosinphosphorylierung der ITIM-Domänen. Diese sind vergleichbar mit Wildtyp-Mäusen. Dies wurde damit erklärt, dass diese Funktionen unabhängig von der Ligandbindung reguliert werden (Poe et al., 2004). Die MZ-B-Zellzahl ist in beiden *knock in*-Mauslinien erniedrigt, ebenso wie die Anzahl der rezirkulierenden B-Zellen im Knochenmark, wobei letzteres bei den B-Zellen mit verkürztem CD22 erst nach der Rückkreuzung zu Bl/6 der Fall war. Desweiteren wurden mehr B2-Zellen im Peritoneum bei beiden Linien gefunden (Poe et al., 2004).

2.3.3.3 ST6GalI-*knock out*-Mäuse

ST6GalI-Sialyltransferase (ST6GalI) ist das einzige Enzym, das $\alpha2,6$-verknüpfte Sialinsäuren auf Glykanen produziert. Knock out-Mäuse, denen dieses Enzym fehlt können daher keine CD22-Liganden mehr bilden. Im Gegensatz zu CD22-defizienten

Mäusen zeigen ST6GalI$^{-/-}$-Mäuse insgesamt einen hyporeaktiven Phänotyp (Hennet et al., 1998; Nitschke, 2009). So ist vor allem das Calciumsignal nach der Kreuzvernetzung des BZR verringert und die Proliferation eingeschränkt. Auch thymus-abhängige sowie thymus-unabhängige Immunreaktionen sind beeinträchtigt. Darüber hinaus finden sich weniger MZ-Zellen in der Milz und weniger rezirkulierende reife B-Zellen im Knochenmark, wiederum ein Hinweis auf die Bedeutung der CD22-Ligandbindung für das ‚homing' dieser Zellen (Collins et al., 2006b; Ghosh et al., 2006). Es konnte in ST6GalI$^{-/-}$-Mäusen zudem eine verstärkte Tyrosin-Phosphorylierung der CD22-ITIM-Domänen und damit einhergehend vermehrte Rekrutierung von SHP-1 gezeigt werden (Collins et al., 2006b; Grewal et al., 2006). Dieses Phänomen wird auf die veränderte Verteilung von CD22 auf der Zelloberfläche zurückgeführt. So konnte über Immunfluoreszenz nachgewiesen werden, dass in ST6GalI-defizienten Mäusen mehr CD22 mit dem BZR assoziiert ist, und sich auch mehr BZR in Clathrin-coated pits befindet als im Wildtyp (Collins et al., 2006b; Grewal et al., 2006).

Die Analyse von ST6GalI x CD22-doppeldefizienten Mäusen ergab einen Phänotyp, der mehr der CD22$^{-/-}$-Maus gleicht. So ist das Ca^{2+}-Signal erhöht, die Proliferation verstärkt und die Umverteilung von IgM zu Clathrin-coated pits ist ebenfalls nicht zu beobachten (Collins et al., 2006b; Ghosh et al., 2006; Grewal et al., 2006).

3 Zielsetzung

Im Rahmen dieser Arbeit sollten verschiedene Mauslinien hergestellt und analysiert werden, bei denen entweder die extrazelluläre Sialinsäure-Bindedomäne oder die inhibitorischen ITIM-Domänen im intrazellulären Teil von CD22 mutiert sind. Frühere *in vitro*-Experimente haben bereits eine Rolle der Sialinsäurebindung für die Signalleitung von CD22 nahegelegt, und die Bedeutung der ITIMs in CD22 für die negative Regulierung des BZR-Signals ist seit längerem bekannt. ES-Zellen, die eine Mutation von Arginin 130 in der extrazellulären Domäne von CD22 tragen, waren bereits vorhanden und mussten nur noch injiziert werden. Für die Mutation der drei Tyrosine im cytoplasmatischen Schwanz waren die Vektoren vorhanden, damit mutierte ES-Zellen zu generieren war Teil dieser Arbeit.

Die Analyse der verschiedenen Mauslinien sollte es ermöglichen, die Beiträge der einzelnen Domänen zur inhibitorischen Funktion von CD22 aufzuklären. So sollte der Einfluss der jeweiligen Domänen auf die B-Zellentwicklung und die Signaltransduktion näher untersucht werden. Besonderes Augenmerk sollte auf die Ausbildung der Marginalzonen-B-Zellpopulation und auf die rezirkulierenden B-Zellen im Knochenmark gelegt werden, die beiden Zellpopulationen, die in $CD22^{-/-}$-Mäusen beeinträchtigt sind. Bei der Signaltransduktion sollte vor allem das Calciumsignal und die Bindung von Signalproteinen an CD22 untersucht werden. Zusätzlich sollten die Auswirkungen der Mutationen auf die Proliferation der B-Zellen und die Immunantwort analysiert werden.

4 Material und Methoden

4.1 Material

4.1.1 Versuchstiere

Verwendete Mausstämme

C57/BL6

CD22 (C57/BL6 Hintergrund)

CD22-R130E (129/Sv zurückgekreuzt auf C57/BL6 Hintergrund)

CD22-ITIM-Y5,6 (129/Sv zurückgekreuzt auf C57/BL6 Hintergrund)

Die Versuchstiere wurden pathogenarm im BTE Gebäude (Franz Pentzold Zentrum-Süd) gehalten. Für die Versuche wurden Mäuse im Alter von ca. 8 bis 15 Wochen verwendet, nach Möglichkeit Geschwistertiere oder Tiere mit vergleichbarem Alter und genetischem Hintergrund. Alle Experimente wurden gemäß der Richtlinien des deutschen Tierschutzgesetzes durchgeführt.

4.1.2 Antikörper

für FACS			
gerichtet gegen	Konjugat	Verdünnung	Firma
Fc-Block (2.4G2)		1:100	eigenes Hybridom
α-B220	FITC	1:100	eBioscience
	Cychrom	1:200	Pharmingen
	PE	1:50	
	APC	1:50	eBioscience
α-CD1d	FITC	1:50	Pharmingen
α-BP-1	FITC	1:50	eBioscience
α-CD4	PE	1:300	Pharmingen
α-CD5	PE	1:100	Pharmingen
	Bio	1:300	eBioscience
α-CD8a	FITC	1:100	eBioscience
α-CD11b (Mac-1)	FITC	1:50	eBioscience
α-CD19 (103)	FITC	1:50	eigenes Hybridom
α-CD21 (7E9)	FITC	1:50	eigenes Hybridom

α-CD22	PE	1:100	Pharmingen
α-CD22 (cy34.1.2)	Bio	1:300	eigenes Hybridom
α-CD23	PE	1:200	Pharmingen
α-CD25	Bio	1:500	eBioscience
α-CD43	PE	1:250	Pharmingen
α-CD93 (AA4.1, C1qRp)	Bio	1:100	eBioscience
α-c-kit	PE	1:100	eBioscience
α-HSA (M169)	Bio	1:100	eigenes Hybridom
α-IgM (29-11)	FITC	1:100	eigenes Hybridom
	PE	1:40	Caltag Laboratories
α-IgD (11.26 C-2)	FITC	1:100	eigenes Hybridom
	Bio	1:200	eigenes Hybridom
6'SLN-(Gc)-PAA	Bio	1:100	Lectinity
Neu5GC-a2,6-Gal-SAAP	FITC	1:100	eigenes Hybridom
Streptavidin	PE	1:50	eBioscience
	Cy5	1:300	eBioscience
	Cy5.5	1:200	eBioscience
zur Stimulation			
Ziege α-mouse IgM (Fab)₂		2 - 13µg	Jackson ImmunoResearch
B7.6 (α-IgM)		2 - 13µg	eigenes Hybridom
zur Komplement vermittelten T-Zell-Lyse			
RL174.2 (α-CD4)		0,5ml/Milz	eigenes Hybridom
3168.1 (α-CD8)		0,5ml/Milz	eigenes Hybridom
AT83 (α-CD90=α-Thy1)		0,5ml/Milz	eigenes Hybridom
für Western Blot			
Maus α-Phosphotyrosin (4G10)		1:1000 - 5000	Millipore
Kaninchen α-SHP-1		1:5000	Millipore
Kaninchen α-CD22		1:5000	Geschenk von P. Crocker
Ziege α-Maus Kappa		1:5000	Southern Biotech
Ziege α-Kaninchen-HRP		1:5000	Jackson, Dianova
Ziege α-Maus-HRP		1:5000	Jackson, Dianova
Maus α-Ziege-HRP		1:5000	Jackson, Dianova
für ELISA			
α-IgA AP/UNLB		1:1000	SouthernBiotech
α-IgG AP/UNLB		1:1000	SouthernBiotech
α-IgG1 AP/UNLB		1:1000	SouthernBiotech
α-IgG2a AP/UNLB		1:1000	SouthernBiotech
α-IgG2b AP/UNLB		1:1000	SouthernBiotech
α-IgG3 AP/UNLB		1:1000	SouthernBiotech
α-IgM AP/UNLB		1:1000	SouthernBiotech

4.1.3 Antibiotika, Inhibitoren

Substanz	Funktion	Firma
Ampicillin	Antibiotikum	Grünenthal
Neomycin (G418)	Antibiotikum	Gibco
Ionomycin	Antibiotikum/Ionophor	Sigma
Penicillin/Streptomycin	Antibiotika	Gibco
Mitomycin	Zytostatikum	Invitrogen
Aprotinin	Trypsin-Inhibitor	Roche
Leupeptin	Calpain-Inhibitor	Boehringer
Natrium-ortho-Vanadat	Phosphatase-Inhibitor	Sigma
PMSF (Phenylsufonylfluorid)	Chymotrypsin-, Trypsin-, Thrombin-, Papain-, (Acetylcholinesterase-) Inhibitor	Sigma

4.1.4 Puffer, Medien, Lösungen

Diethanolaminpuffer

0,1g $MgCl_2$ x H_2O

0,2g Na-Azid

97ml Diethanolamin

pH 9,8 einstellen (mit HCl)

ad 1l H_2O

10x Elektrophoresepuffer

30,3g Tris

144,13g Glycin

10g SDS

ad 1l H_2O

Material

ELISA-Blockierungspuffer

1%(w/v) BSA
0,05% (w/v) Na-Azid
in PBS

ELISA-Substrat

1mg p-Nitrophenylphosphat / ml Diethanolaminpuffer

ELISA-Verdünnungspuffer

0,1% (w/v) BSA
0,05% (w/v) Na-Azid
in PBS

FACS-Puffer

0,1% BSA
0,01% Na-Azid
in PBS

MACS-Puffer

Steriles PBS
5% FCS
0,002M EDTA

Material

Gey's Lösung

100ml Lösung A
25ml Lösung B
25ml Lösung C
ad 500ml H_2O

Lösung A: 17,5g NH_4Cl
0,925g KCl
0,75g Na_2HPO_4 x 2 H_2O
0,06g KH_2PO_4
2,75g Glucosemonohydrat
ad 500ml H_2O
sterilfiltrieren

Lösung B: 2,1g $MgCl_2$ x 6 H_2O
0,7g $MgSO_4$ x 7 H_2O
1,7g $CaCl_2$
ad 500ml H_2O
sterilfiltrieren

Lösung C: 11,25g $NaHCO_3$
ad 500ml H_2O
sterilfiltrieren

Krebs-Ringer-Lösung

10mM HEPES (pH 7)
140mM NaCl
4mM KCl
1mM $MgCl_2$
1mM $CaCl_2$
10mM Glucose
in H_2O

Material

6x Ladepuffer (Agarosegel)

30% Glycerin
0,25% Xylencyanol
0,25% Bromphenolblau

Lysepuffer zur Herstellung genomischer DNA aus ES-Zellen

Lysepuffer 1
50mM Tris pH 8,0
100mM EDTA
100mM NaCl

Lysepuffer 2
50mM Tris pH 8,0
100mM EDTA
100mM NaCl
1% SDS

Lysepuffer für Mausschwänze

10mM Tris/Hcl pH 8,0
5mM EDTA pH 8,0
0,2% SDS
0,2M NaCl

Lysepuffer für Immunpräzipitation (TNE-Puffer)

10ml 1M Tris (pH 7,5)
1,4ml NaCl (5M)

1ml EDTA (0,5M)
ad 100ml H_2O

Lysepufferzusätzen (immer frisch zugeben) für 15ml Lysepuffer
300µl NaO Vanadat (0,5M)
150µl PMSF (100mM)
75µl Leupeptin (1mg/ml)
15µl Aprotinin (1mg/ml)

PBS

8g NaCl
0,2g Kcl
1,15g Na_2HPO_4
0,24g KH_2PO_4
in H_2O
pH 7,4

TBE-Puffer
55g Borsäure
108g Tris
40ml EDTA (0,5M)

TE-Puffer

10mM Tris/Hcl
1mM EDTA
pH 7,4

Material

10x Transfer-Puffer

30,3g Tris
144,13g Glycin
ad 1l H_2O

1x Transfer-Puffer
100ml Transfer-Puffer (10x)
200ml Methanol
ad 1l H_2O

LB-Medium

5g Hefe-Extrakt
10g Trypton
10g NaCl
ad 1l H_2O
pH 7,5

Agar-Platten

5g Hefe-Extrakt
10g Trypton
10g NaCl
15g Agar
ad 1l H_2O
pH 7,5

Material

Einfriermedium

90% ES-FCS
10% DMSO

EMFI-Medium

500ml DMEM
5ml L-Glutamin
5ml Pen/Strep
0,5ml β-Mercaptoethanol
50ml ES-FCS

ES-Medium

500ml DMEM
5ml L-Glutamin
5ml Pen/Strep
0,5ml β-Mercaptoethanol
75ml ES-FCS
50µl LIF

Maus-Medium

500ml RPMI + L-Glutamin
25ml PAN-FCS
5ml Pen/Strep
3ml L-Glutamin
5ml Nicht-essentielle Aminosäuren
5ml Na-Pyruvat
0,5ml β-Mercaptoethanol

Einzelselektionsmedium

500ml ES-Medium

2ml G418 (100mg/ml)

Doppelselektionsmedium

500ml ES-Medium

2ml G418 (100mg/ml)

0,5ml Ganciclovir (2mM)

ES-Medium zur Injektion

10ml ES-Medium

200µl 1M HEPES

4.1.5 Chemikalien

Acrylamid Bisacrylamid (29:1) (Rotiphorese Gel)	Roth
Agar	Sigma
Agarose	Roth
Ammoniumchlorid	Roth
APS (Ammoniumpersulfat)	Sigma
Borsäure	Roth
Brij 96 (Polyoxyethylen)	Sigma
BSA	Roth
Bromphenolblau	Merck
Calciumchlorid Dihydrat	Roth
Chloroform (Trichlormethan)	Roth
^{32}P-dCTP	Hartmann Analytic
Diethanolamin	Roth
Dinatriumhydorgenphosphat	Roth
DMEM	Gibco
DMSO	Roth
ECL Western Blotting Detection Reagent	GE Healthcare
EDTA Dinatriumsalz	Applichem
ES-FCS	Gibco
Ethanol	Roth
Ethanol vergällt	Roth

Material

Ethidiumbromid	Roth
FCS	PAN Biotech
Generuler 100bp DNA ladder	Fermentas
Generuler 1kb DNA ladder	Fermentas
Glucose	Roth
Glycin	Roth
Glycerin	Applichem
HEPES	Roth
Hybond ECL-Membran	Pall Corporation
High Capacity Streptavidin Agarose Resin	Thermo Scientific
Indo-1	Invitrogen
Kaliumchlorid	Roth
Kaliumdihydrogenphosphat	Roth
Kaninchen Komplement	Cedarlane
Kohrsolin	Bode
Konservierer Wasserbad	Bode
L-Glutamin	Gibco
Magnesiumchlorid-monohydrat	Roth
Magnesiumchlorid-hexahydrat	Roth
Magnesiumsulfat-heptahydrat	Roth
2-Mercaptoethanol	Gibco
Methanol	Roth
Milchpulver	Roth
Mitomycin C	Sigma
Natriumazid	Sigma
Natriumchlorid	Roth
Natriumhydrogencarbonat	Roth
Natrimhydroxid	Roth
Natriupyruvat	Gibco
p-Nitrophenylphosphat-dinatriumhexahydrat	Sigma
Nitrocellulosemembran	Pall Corporation
MEM Non-Essential Amino Acids	Gibco
PageRuler™ Prestained Protein Ladder	Fermentas
PageRuler™ Prestained Protein Ladder Plus	Fermentas
Phenol/Chloroform/Isoamylalkohol	Roth
Pluronic^R F-127	Invitrogen
Protein A-Sepharose CL4B	GE Healthcare
Protein G-Sepahrose CL4B	GE Healthcare
4x Roti Load Phenol	Roth
Röntgenfilm RX	Fuji
Röntgenfilm	Kodak
Röntgen-Fixierer-Konzentrat	Kodak
RPMI 1640	Gibco
Saccharose	Roth
Salzsäure 4N	Roth
SDS (Laurylsulfat)	Sigma
Sterilium	Bode
TEMED (N,N,N,N-Tetramethylethylendiamin)	Sigma
^{3}H-Thymidin	Biomedicals

Tris	Roth
Trypanblau	Gibco
Trypton	Sigma
Tween 20	Roth
Xylencyanol	Sigma

4.1.6 Enzyme und Wachstumsfaktoren

EcoRV	Fermentas
LIF/ESGRO (10^7U/ml)	Chemicon
NotI	Fermentas
Proteinase K	Roche
SalI	Fermentas
Sialidase (Neuraminidase) aus *A.ureafaciens*	Roche
SspI	Fermentas
Super Taq	HT Biotechnology
Trypsin/EDTA	Gibco

4.1.7 Kits

BrdU Flow Kit	BD Pharmingen
ECL Western Detection Kit	Amersham
Plasmid Maxi Kit	Qiagen
Random Primers DNA labelling system	Invitrogen
QIAquick Gel Extration Kit	Qiagen
QIAquick Nucleotide Removal Kit	Qiagen

4.1.8 Geräte

Brutschrank	Heraeus
ELISA-Reader	Tecan
ELISA-Washer	Tecan
Durchflusszytometer FACSCalibur	Becton Dickinson

Durchflusszytometer LSR II	Becton Dickinson
Elektrophoresegerät Std PowerPack P25	Biometra
Schüttler	HLC BioTech
Taumeltisch Mini Rocker MR1	PeqLab
TE Mighty Small™ Tank Transfer Unit	Hoefer
Zentrifuge Megafufe1.0R	Heraeus
Zentrifuge 5415C	Eppendorf
Zentrifuge 5415R	Eppendorf
Zentrifuge CLGPR	Eppendorf
Zentrifuge J2-HS	Eppendorf

4.1.9 Software

FlowJo Software	FlowJo Flow Cytometry Analysis Software
Cellquest Software	BD (Becton Dickinson)
ImageJ	Rasband, W.S., U.S. National Institutes of Health
Prism	GraphPad Software
SoftMax Pro	Molecular Device
Office 2008 für Mac	Microsoft

4.2 Methoden

4.2.1 Zellbiologische und immunologische Methoden

4.2.1.1 Organentnahme und Aufarbeitung

Zuerst wurden die Bauchhöhlen der mit CO_2-getöteten Mäuse mit 5ml PBS + 5% FCS gespült. Diese Peritonealzellen wurden gezählt und dann direkt ohne weitere Behandlung in den Experimenten verwendet. Blut wurde bei getöteten Mäuse aus dem aufgeschnittenen Herzen, oder bei lebenden Mäuse durch das Anritzen der Schwanzvene, gewonnen. Milz und Lymphknoten wurden durch ein Zellsieb gedrückt, um Einzelzellsuspensionen zu erhalten. Mit Hilfe einer Spritze und einer 28G Kanüle wurde das Knochenmark mit RPMI + 5% FCS aus dem Knochen gespült. Lymphknotenzellen wurden direkt weiterverwendet, Milzzellen wurden, ebenso wie Blut und Knochenmark, 5 Minuten mit Gey's Lösung inkubiert.

4.2.1.2 T-Zell-Depletion durch Komplement-Lyse

Milz-Einzelzellsuspensionen wurden nach der Erythrozytenlyse in 1ml RPMI resuspendiert, mit je 0,5ml RL174.2 (αCD4), 3168.1 (αCD8) und AT83A (αThy1) Hybridomüberstand versetzt, und 30 Minuten auf Eis inkubiert. Anschließend wurden die Zellen mit 5ml RPMI gewaschen und in 3ml RPMI aufgenommen. Ein Röhrchen Low-Tox Baby-rabbit Komplement wurde in 1ml eiskaltem Wasser gelöst und 330µl davon wurden pro Milz zu den Zellen pipettiert und 45 Minuten auf 37°C inkubiert. Danach wurden die Zellen mit 5ml RPMI gewaschen und die Reinheit der B-Zellen durch FACS-Färbung (αCD4, αCD8) bestätigt.

4.2.1.3 FACS

1×10^6 Zellen wurden pro Probe in ein FACS-Röhrchen pipettiert und mit 25µl in FACS-Puffer verdünntem Antikörpermix 30 Minuten bei 4°C im Dunkeln inkubiert. Die Antikörper sind mit Fluoreszenzfarbstoffen markiert oder biotinyliert. Biotinylierte Antikörper wurden in einem zweiten Inkubationsschritt mit einem Streptavidin-gekoppelten, fluoreszierenden Antikörper gefärbt. Um eine unspezifische Bindung an die Fc-Rezeptoren zu verhindern wurde der Antikörper 2.4G2 als Fc-Block beim ersten Färbeschritt zugegeben. Nach jeder Inkubation wurden die Zellen mit FACS-Puffer gewaschen und wieder in FACS-Puffer aufgenommen. Anschließend wurden die Proben an einem FACS Calibur gemessen.

4.2.1.4 Sialidasebehandlung zur Demaskierung von CD22

5×10^6 mit Gey's Lösung behandelte Milzzellen wurden in 150µl PBS aufgenommen und mit 1,5µl Sialidase (0,015U) versetzt 1h bei 37°C inkubiert, dabei wurde oft geschüttelt. Nach Zugabe von 4,5µl (1,5mM) Sialidaseinhibitor (50mM a2,3-Dehydro-Neuraminsäure) wurde für 2 Minuten bei 37°C inkubiert, dann wurde mit FACS-Puffer gewaschen. Anschließend erfolgte die Färbung mit $B220_{Fitc}$ und 6'-SLN(Gc)-PAA_{bio}-SA_{PE} oder mit $B220_{PE}$ und Neu5GC-a2,6-Gal-$SAAP_{Fitc}$.

4.2.1.5 Calcium-Messung

Pro Ansatz wurden 5×10^6 Zellen in 700µl RPMI + 5% FCS aufgenommen. Ein Röhrchen Indo-1 (50µg) wurde in 458µl DMSO und 37µl Pluronic F-127 aufgenommen. 7µl davon wurden zu jeder Probe gegeben und die Zellen dann 25 Minuten bei 30°C im Dunkel geschüttelt. Anschließend wurden 700µl RPMI + 10% FCS zugegeben und die Proben weitere 10 Minuten bei 37°C im Dunkel geschüttelt. Nach 2x Waschen mit Krebs-Ringer-Lösung wurden die Zellen 30 Minuten mit α-Mac-1- und α-CD5-Antikörpern gefärbt und nach erneutem 2 maligem Waschen in 500µl Krebs-Ringer-Lösung aufgenommen. Zur Messung am LSR II wurden 50µl der kühl gehaltenen Zellen mit 550µl auf 37°C vorgewärmter Krebs-Ringer-Lösung versetzt, eine Minute zur Aufnahme der Basislinie gemessen und dann mit verschiedenen Stimulantien weiter gemessen.

4.2.1.6 ELISA

Maxisorb-Platten wurden mit 10µg/ml TNP-BSA verdünnt in PBS (50µl/well) ü.N. bei 4°C oder 2h bei 37°C gecoated. Dann wurden 200µl der Blockierlösung (1% BSA in PBS mit 0,05% Azid) zugegeben und für 2h bei 37°C oder ü.N. bei 4°C inkubiert. Nach 3-maligem Waschen mit PBS wurden die Serumsverdünnungen zugegeben und 2h bei 37°C oder ü.N. bei 4°C inkubiert. Die erste Verdünnung der Seren war 1:20, dann wurde weitere 7 Mal in 1:3 Schritten verdünnt. Als Standard dient ein Pool aus den Seren von Tag 7 und 10 der Immunisierung. Nach erneutem Waschen (3 x mit PBS) erfolgte die Zugabe von 50µl/well des 1:1000 verdünnten AP-markierten Sekundärantikörpers (α-IgM-AP bzw. α-IgG3-AP) und die Inkubation für 2h bei 37°C oder ü.N. bei 4°C. Danach wurde erneut 3 Mal mit PBS gewaschen, bevor 100µl des Substrats (20mg Nitrophenylphosphatdinatriumhexahydrat in 20ml Diethanolaminpuffer) in jedes Well gegeben wurden. Die Messung erfolgte am ELISA-Reader bei einer Wellenlänge von 405nm zu verschiedenen Zeitpunkten bis die OD des obersten Standards bei einem Wert von ca. 3 war.

4.2.1.7 Konfokale Fluoreszenzmikroskopie

Die Milzen von Wildtyp- und knock-in Mäusen wurden entnommen und Einzelzellsuspensionen hergestellt. Nach der Komplement-Lyse wurden 5 x 10^4 Zellen in 50µl Medium auf je 1 Loch eines 8-Lochobjektträgers gegeben und 30 Minuten im Brutschrank inkubiert, damit sich die Zellen anhaften. Danach wurde zu einigen der Zelltropfen α-IgM-Fab$_2$ gegeben (unterschiedliche Konzentration, unterschiedliche Dauer, 37°C), um die Zellen zu stimulieren. Die Objektträger wurden kurz in eine Küvette mit eiskaltem PBS getaucht und anschließend 15 Minuten bei 4°C in 4% Paraformaldehyd in PBS (pH7,4) fixiert. Danach erfolgte je ein 5-minütiger Waschschritt in PBS und in 0,1% Triton X-100 in PBS. Dann wurden die Objektträger zum Blockieren für 30 Minuten mit 2% FCS/PBS mit Fc-Block inkubiert und anschließend mit α-μ-Cy5 (1:2000) und α-CD22-Bio (1:100) für 1h bei RT gefärbt. Nach 3-maligem Waschen in PBS erfolgte die Färbung mit SA-Cy3 für 1h bei RT. Dann wurde erneut 3 Mal mit PBS gewaschen, bevor die Objektträger vorsichtig am Rand mit einem fusselfreien Tuch trockengetupft wurden. Zum Schluss wurden 30µl MOWIOL auf jedes Loch pipettiert und vorsichtig ein Deckglas (24 x 50mm) darauf gegeben. Nachdem das MOWIOL ü.N. im Kühlschrank ausgehärtet war, konnten am konfokalen Fluoreszenzmikroskop Bilder aufgenommen werden.

4.2.1.8 ^{3}H-Thymidin-Proliferationsassay

Milz-Einzelzellsuspensionen wurden hergestellt und T-Zell depletiert. 10^5 Zellen/200µl RPMI + 5% FCS wurden in Triplikaten in eine 96-Well-Platte pipettiert und mit verschiedenen Agenzien stimuliert: Fab$_2$ α-IgM (1,5µg, 5µg oder 15µl/well), Fab2 α-IgM (5µg/well) + IL-4 (10pg/well), LPS (2µg/well), αCD40 (0,3µg/well) oder IL-4 (10pg/well). Nach 40h Inkubation bei 37°C wurde ^{3}H-Thymidin (1µCi/well) zugegeben und für weitere 8h inkubiert bevor die Platte bei -20°C weggefroren wurde. Die Messung erfolgte in einem β-Counter, der die „counts per minute" misst.

4.2.2 Mausexperimente *in vivo*

4.2.2.1 BrdU-Fütterung

Das Trinkwasser der Mäuse wurde mit 1mg/ml BrdU und 10mg/ml Saccharose versetzt und die Flaschen mit Alufolie abgedunkelt, damit sich das BrdU nicht zersetzt. Jeden zweiten Tag wurde das Trinkwasser gegen frisch angesetztes ausgetauscht. Nach drei, fünf und acht Tagen wurden jeweils Mäuse aus jeder Versuchsgruppe getötet und Milz und Knochenmark entnommen. Zur Messung des BrdU-Einbaus in die DNA wurden die Zellen mit dem BrdU Flow Kit (BD Pharmingen) gemäß Herstellerangaben gefärbt und im FACS-Calibur gemessen.

4.2.2.2 ‚Homing' zum Knochenmark von CFSE-markierten Zellen

Milzen von Wildtyp- und Knock-in-Mäusen wurden entnommen, die T-Zellen depletiert und die Lebendzellzahl bestimmt. Je 1 x 10^7 Zellen pro Ansatz wurden in 500µl FACS-Puffer aufgenommen und mit 500µl in FACS-Puffer verdünntem 10µM CFSE versetzt. Nach 5 minütiger Inkubation bei Raumtemperatur wurden die Zellen mit RPMI + 10% FCS gewaschen und 30 Minuten in diesem Medium bei Raumtemperatur inkubiert. Nach 2 maligem Waschen mit PBS wurden die Zellen in 100µl PBS aufgenommen und in die Schwanzvene von Wildtypmäusen (je 1 x 10^7 Zellen/Maus) gespritzt. Nach 24h wurden die Rezipientenmäuse getötet und Milz und Knochenmark entnommen. Die aufgearbeiteten Zellen wurden jeweils auf $B220_{PE}$ gefärbt (da CFSE im Fitc-Kanal strahlt) und im FACS gemessen.

4.2.2.3 Immunisierung mit TNP-Ficoll

Eine 1mg/ml TNP-Ficoll-Stocklösung wurde in PBS auf 100µg/ml verdünnt. 4 – 5 Mäuse jeder Gruppe (Wildtyp und knockin) wurden intraperitoneal mit je 100µl dieser Lösung gespritzt. Vor der Injektion und an den Tagen 5 und 7 wurden die Mäuse aus der Schwanzvene geblutet und das Serum gewonnen (Vollblut 1h auf 37°C ins Wasserbad, dann 10 Minuten bei 13000rpm zentrifugieren). An Tag 10 nach der Immunisierung wurden die Mäuse getötet und das Serum isoliert. Die Seren wurde bei -20°C bis zur Durchführung des ELISA gelagert.

4.2.3 Kultivierung embryonaler Stammzellen (ES-Zellen)

4.2.3.1 Kultur von embryonalen Fibroblasten (EMFIs)

ES-Zellen benötigen eine Schicht von Feeder-Zellen, die Wachstumsfaktoren abgeben und Anheftungsmöglichkeiten bieten. Dafür wurden EMFIs verwendet, die aus 14 Tage alten Mausembryonen gewonnen worden waren. Diese können bis zu 4 x passagiert werden, müssen jedoch mit dem Cytostatikum Mitomycin C inaktiviert werden (2h, 37°C) bevor ES-Zellen darauf gezogen werden können, da sonst die EMFIs die ES-Zellen überwachsen könnten.

4.2.3.2 ES-Zellen auftauen und passagieren

Die in flüssigem Stickstoff weggefrorenen ES-Zellen wurden so schnell wie möglich im 37°C-Wasserbad aufgetaut und in 5ml vorgewärmtes ES-Medium überführt. Dann wurden die Zellen bei 1300rpm für 5 Minuten zentrifugiert und der Überstand verworfen. Die Zellen wurden in frischem ES-Medium aufgenommen und auf eine Flasche mit vorbereiteten EMFIs gegeben.
Um ES-Zellen zu passagieren wurde das Medium abgesaugt, 3 x mit PBS gewaschen und 5 Minuten bei 37°C mit Trypsin/EDTA inkubiert. Die abgelösten Zellen wurden duch Auf- und Abpipettieren vereinzelt, in ein Röhrchen mit Medium überführt und 5 Minuten bei 1300rpm zentrifugiert. Der Überstand wurde verworfen und das Pellet in neuem ES-Medium aufgenommen und auf neuen EMFIs ausgesät, wobei die typische Verdünnung 1:3 betrug.

4.2.3.3 ES-Zellen wegfrieren

Zum Wegfrieren wurden die ES-Zellen wie zum Passagieren trypsiniert und zentrifugiert, das Pellet aber dann in 0,5 – 1ml Einfriermedium aufgenommen und in ein Cryoröhrchen überführt. Dieses wurde sofort auf Eis gestellt und dann bei -80°C eingefroren. Nach einigen Tagen wurde das Röhrchen in flüssigen Stickstoff überführt.

4.2.3.4 ES-Zellen elektroporieren und selektionieren

Eine mittlere Zellkulturflasche mit mittelgroßen ES-Zell-Kolonien (ca. Passage 16) wurde trypsiniert, die Zellen vereinzelt und zentrifugiert. Das Pellet wurde in 700µl ES-Medium aufgenommen und mit dem linearisierten Vektor (ca. 20 - 30µg) in eine Elektroporationsküvette gegeben. Die Elektroporation erfolgte bei 250V und 500µF. Anschließend wurden die Zellen in 24ml ES-Medium überführt und auf 12 Zellkulturschalen mit inaktivierten EMFIs verteilt. Am nächsten Tag erfolgte der Mediumswechsel zu Doppelselektionsmedium bei 10 Platten, eine wurde als Kontrollplatte mit normalem ES-Medium weitergeführt, eine weitere wurde mit Einzelselektionsmedium versorgt.

4.2.3.5 ES-Zell-Klone picken

Nach 10 Tagen konnten ES-Klone von den selektionierten Platten gepickt werden. Dazu wurden 10 48-Well-Platten mit inaktivierten EMFIs benötigt, sowie 10 96-Well-Platten (steril) in denen in folgendem Muster 50µl PBS (steril) vorgelegt wurde:

Nachdem das Medium von den Zellkulturschalen abgesaugt worden war, wurden 10ml PBS darauf gegeben und gut erkennbare, runde Einzelkolonien mit einer P200 Pipette in 25µl abgelöst und in die 96-Well-Platten pipettiert. Pro Schale wurden ca. 48 Klone gepickt, dann wurde das PBS von den

Zellkulturschalen abgesaugt und wieder Selektionsmedium auf die Schale gegeben, damit eventuell am nächsten Tag nochmals Klone gepickt werden konnten. Nachdem 2 96-Well-Platten voll waren, wurden 25µl Trypsin/EDTA pro Well zugegeben und bei 37°C 5 Minuten inkubiert. Nach der Zugabe von 100µl PBS pro Well wurden die Kolonien mit einer 12-Kanal-Pipette vereinzelt und 100µl pro Well in vorbereitete 48-Well-Platten mit EMFIs überführt. Die übrigen Zellen in den 96-Well-Platten wurden lysiert, indem nach einem Zentrifugationsschritt (1300rpm, 5min, 4°C) das Trypsin abgekippt und 25µl H_2O pro Well zugegeben wurde. Die Proben wurden dann für 15 Minuten auf 80°C erhitzt bevor 25µl H_2O mit 0,2µg/µl Proteinase K zugefügt und über Nacht bei 56°C inkubiert wurde. Am nächsten Tag konnten die Proben direkt in die Screening-PCR eingesetzt werden.

4.2.3.6 ES-Zell-Klon-‚Screening'

Alle gepickten ES-Zell-Klone wurden mit einer ‚nested'-PCR analysiert, d.h. es werden zwei PCRs durchgeführt. Dabei liegen die zweiten Primer knapp innerhalb des ersten PCR-Produkts. Da kaum beide Primerpaare dieselben unspezifischen Produkte hervorbringen, wird das gewünschte Produkt in beiden PCRs vermehrt und sollte eine sehr deutliche Bande ergeben, während die unspezifischen Produkte nur schwache Banden ergeben. Es wird durch diese Methode also sowohl die Spezifität erhöht, als auch die Amplifikation einer nur schwachen gewünschten Bande sichtbar gemacht. Die Banden wurden auf 1%igen Agarosegelen sichtbar gemacht. Teilweise wurden je sechs Klone zum ‚Screening' gepoolt.

PCR-Bedingungen für die Y2,5,6F-ES-Zellen:
Alt: 5µl SuperTaq Puffer
1µl dNTP
1,5µl neoneu3 (1.PCR)/neoneu1 (2.PCR)
1,5µl Yfnes8 (1.PCR)/Yfnes7 (2.PCR)
0,5µl SuperTaq
3µl DNA-Lysat/5µl aus 1.PCR

ad 50µl H$_2$O

Programm alt: 94°C 4min
 35x 94°C 25s
  55°C 25s
  72°C 1,5min
 68°C 5min
 8°C hold

Neu: 5µl SuperTaq Puffer
 1µl dNTP
 1,5µl neoneu2 (1.PCR)/neoneu1 (2.PCR)
 1,5µl ITIMko_ver2_2 (1.PCR)/ ITIMko_ver2_3 (2.PCR)
 0,5µl SuperTaq
 3µl DNA-Lysat/5µl aus 1.PCR
 add 50µl H$_2$O

Programm neu: 94°C 4min
 35x 94°C 45s
  57°C 45s
  72°C 2,5min
 68°C 5min
 8°C hold

4.2.3.7 ES-Zellen zur Blastocysteninjektion vorbereiten

Zur Vorbereitung der ES-Zellen für die Blastocysteninjektion wurden verschiedene Protokolle verwendet, wobei mit beiden Protokollen chimäre Tiere generiert werden konnten:

Altes Protokoll:
ES-Zell-Klone einer möglichst niedrigen Passage wurden auf einer kleinen Zellkulturflasche aufgetaut. Sobald sie dicht gewachsen waren, wurden die Zellen trypsiniert, ein Teil weggefroren und der andere Teil nach dem Zentrifugieren in 10ml ES-Medium aufgenommen und auf eine 10cm durchmessende Zellkulturschale ausgesät. Nach einer 45 minütigen

Inkubation bei 37°C, bei der sich die EMFIs absetzten, die ES-Zellen jedoch nur lose adhärierten, wurde das Medium vorsichtig abgenommen und verworfen. Dann wurde mit eiskaltem ES-Medium tropfenweise die Schale gespült (3 x 4ml), so dass sich die ES-Zellen vom Boden lösten, nicht jedoch die EMFIs. Diese vorsichtig abgelösten Zellen wurden 5 Minuten bei 1300rpm zentrifugiert und das Pellet in 50 – 150µl eiskaltem M2-Medium aufgenommen. Nun konnte die Injektion erfolgen.

Neues Protokoll:
ES-Zell-Klone einer möglichst niedrigen Passage wurden auf eine Zellkulturschale wachsen gelassen. Die Schale wurde mit PBS gewaschen und mit 3ml Trypsin 10 Minuten bei 37°C inkubiert. Die abgelösten Zellen wurden vereinzelt und mit 6ml ES-Medium auf der Schale für 15 Minuten bei 37°C inkubiert, wobei sich die EMFIs absetzten. Anschließend wurden die Zellen im Überstand vorsichtig abpipettiert und 3 Minuten bei 800rpm zentrifugiert. Der Überstand wurde verworfen, das Pellet in 2ml Injektionsmedium resuspendiert und für 30 Minuten auf Eis inkubiert. Bei diesem Schritt sedimentierten die ES-Zellen und die Zelltrümmer konnten mit dem Überstand abpipettiert werden. Das Pellet wurde in 0,5 – 1ml Injektionsmedium gelöst und die Zellen konnten nun injiziert werden.

4.2.4 Biochemische Methoden

4.2.4.1 SDS-Page

In einem denaturierenden Polyacrylamidgel können Protein ihrer Größe nach aufgetrennt werden. Das Gel besteht aus einem Trenngel, das als erstes gegossen und mit Isopropanol überschichtet wird, bis es auspolymerisiert ist. Dann wird das Isopropanol abgekippt und das Sammelgel gegossen. Sobald auch dieses fertig polymerisert ist, kann das Gel benutzt werden oder für eine später Verwendung in feuchte Tücher gepackt im Kühlschrank gelagert werden.
Die Proben wurden mit Rotiload^R gemischt und 5 – 10 Minuten auf 96°C aufgekocht. Der Gellauf erfolgte anfangs bei 80V bis die Proben ins

Sammelgel eingelaufen waren, dann wurde zur Auftrennung die Spannung auf 140V erhöht.

Zusammensetzung eines 7,5% Gels (10x10cm):

	Trenngel	Sammelgel
Bisacrylamid 30:0,8 (%w/v)	1,25ml	325µl
1,5M Tris pH 8,0	1,25ml	
1M Tris pH 6,8		312,5µl
10% SDS	50µl	25µl
H$_2$O	2,425ml	1,85ml
TEMED	5µl	5µl
10% APS	25µl	12,5µl

4.2.4.2 Immunpräzipitation

Milz-Einzelzellsuspensionen wurden nach T-Zell-Depletion in RPMI-Medium ohne Zusätze aufgenommen und 1h bei 37°C hungern gelassen. Mindestens 4 x 10^6 Zellen pro Ansatz wurden in je 500µl Mausmedium aufgenommen und mit je 10µl Fab$_2$-anti-IgM-Fragment für 0, 2, 5, 10 Minuten bei 37°C stimuliert. Die Stimulation wurde durch 5 Minuten Abzentrifugieren bei 13.000rpm und 4°C abgestoppt. Die Pellets wurden in je 1ml kaltem Lysepuffer mit frisch zugesetzten Proteaseinhibitoren gelöst und 30 Minuten auf Eis inkubiert. Währenddessen wurden entweder die Sepharose A oder G Beads (20µl/Probe) oder die Streptavidinagarose (30µl/Probe) durch 3 maliges Waschen mit dem Lysepuffer äquilibriert und in je 100µl/Ansatz (Sepharosebeads) bzw. 30µl/Ansatz (Streptavidinagarose) aufgenommen und in neue Reagiergefäße aufgeteilt. Die lysierten Proben wurde für 10 Minuten bei 13.000rpm, 4°C abzentrifugiert und die Überstände jeweils zu den vorgelegten Beads gegeben. Als Fängerantiköper diente bei Streptavidinagarose αCD22-bio, bei Sepharose A αCD22 oder αSHP-1 und bei Sepharose G α-κ, von denen je 5µl/Ansatz zugegeben wurden. Die Proben wurden über Nacht bei 4°C rotiert und am nächsten Tag 3x mit

Lysepuffer ohne Zusätze gewaschen, bevor sie auf einem SDS-PAGE-Gel ihrer Größe nach aufgetrennt wurden.

Anschließend wurden die Proteine in einer ‚Wet Blot'-Apparatur auf eine Nitrocellulosemembran übertragen. Der Blot wurde wie folgt aufgebaut: Kathode – Schwamm – 2 Whatmanpapiere – Nitrocellulosemembran – Gel – 2 Whatmanpapiere – Schwamm – Anode. Der Transfer erfolgte 1h bei 80V, 4°C. Danach erfolgte eine Inkubation der Membran mit 5% Milchpulver in PBS/0,1%Tween für 1h bei Raumtemperatur oder über Nacht bei 4°C, um die Membran abzusättigen und unspezifische Bindung zu vermeiden. Anschließend wurde die Membran mit dem Erstantikörper (αCD22, αSHP-1, αP-Tyr oder α-μ) 2h bei RT oder ü.N. bei 4°C geschüttelt. Nach 3 x Waschen mit PBS/0,1%Tween für je 10 Minuten bei RT erfolgte die Inkubation mit einem HRP-gekoppelten Antikörper, der gegen den Erstantiköper gerichtet ist. Dann konnten nach erneutem 3 maligem Waschen die Banden mit Hilfe des ECL Systems auf Röntgenfilmen sichtbar gemacht werden.

4.2.5 Nukleinsäure-spezifische Methoden

4.2.5.1 Transformation kompetenter Bakterien

100µl chemisch-kompetenter Bakterien wurden zu 1ng Plasmid-DNA gegeben und vermischt. Nach 30 minütiger Inkubation auf Eis folgte ein 45 sekündiger Hitzeschock bei 42°C. Anschließend wurde 1ml LB-Medium zugegeben und die Bakterien 1h bei 37°C inkubiert. Schließlich wurden verschiedene Mengen des Transformationsansatzes auf LB_{amp}-Platten ausplattiert und über Nacht auf 37°C gestellt. Am nächsten Tag konnten Klone gepickt werden.

4.2.5.2 Maxiprep

Eine 2ml-Vorkultur wurde mit dem Glycerolstock der Bakterien, die das gewünschte Plasmid tragen, angeimpft und am nächsten Tag eine 100ml-Kultur damit angesetzt. Diese wurde bei 4000rpm, 4°C 30 Minuten abzentrifugiert und der Überstand verworfen. Aus dem Pellet wurde mit Hilfe des Qiagen Maxiprep Kits gemäß Herstellerangaben die DNA isoliert und anschließend in 500 – 1000µl H_2O aufgenommen.

4.2.5.3 DNA-Isolation aus Mäuseschwänzen

Die Mausschwanzproben wurden mit 300µl Lysepuffer für Mausschwänze, sowie 10µl Proteinase K versetzt, und über Nacht bei 56°C im Rotator inkubiert. Am nächsten Tag wurden die Proben mit 10000rpm 5 Minuten zentrifugiert und der Überstand konnte dann in die PCR eingesetzt werden.

4.2.5.4 Typisierung der Mäuse mittels PCR

Die aus den Mausschwänzen gewonnene DNA wurde in eine PCR eingesetzt um auf das Vorhandensein der loxP-Stelle (der einzige Unterschied zwischen mutiertem und nicht-mutiertem CD22-Gen, der in einer PCR sichtbar gemacht werden kann) zu testen.

R130E-Test-PCR:

5µl SuperTaq-Puffer	Programm:	94°C 5min
1µl dNTP	30x	94°C 1min
1,5µl R130E_FW		50°C 1min
1,5µl loxP_rev2		72°C 2min 20s
0,3µl SuperTaq		72°C 5min
1µl Lysat		4°C hold
38,7µl H_2O		

Y5,6F-Test-PCR:

5µl SuperTaq-Puffer	Programm:	94°C 5min
1µl dNTP	30x	94°C 1min
1,5µl Y2,5,6F_FW		55°C 1min
1,5µl Y2,5,6F_REV		72°C 1min
0,3µl SuperTaq		72°C 5min
1µl Lysat		4°C hold
38,7µl H_2O		

4.2.5.5 Isolation genomischer DNA aus ES-Zell-Klonen

Eine mittlere Zellkulturflasche mit dicht gewachsenen ES-Zellen wurde 2x mit PBS gewaschen, die Zellen mit Trypsin vom Boden abgelöst und zentrifugiert. Das Pellet wurde 2x mit kaltem PBS gewaschen und dann in 1ml Lysepuffer 1 resuspendiert. 1ml Lysepuffer 2, sowie 80µl Proteinase K (10mg/ml) wurden zugegeben und die Proben ü.N. bei 56°C inkubiert. Am nächsten Tag erfolgte die Phenol-Chloroform-Extraktion.

4.2.5.6 Phenol-Chloroform-Extraktion

Jede Probe wurde mit 1 Volumen Phenol/Chloroform/Isoamylalkohol versetzt, gemischt und bei 4000rpm, 4°C 5 Minuten abzentrifugiert. Die wässrige obere Phase wurde in ein neues Gefäß überführt und erneut mit 1 Volumen Phenol/Chloroform/Isoamylalkohol gemischt und dann durch Zentrifugation in zwei Phasen getrennt. Diese Prozedur wurde noch ein drittes Mal wiederholt, um alle Proteine zu entfernen und die DNA abnehmen zu können. Dann wurde 2 x eine Extraktion mit reinem Chloroform durchgeführt, um alle Phenolreste zu entfernen. Anschließend wurde die obere, wässrige Phase mit 1 Volumen 100% eiskaltem Ethanol und 0,5 Volumen 7,5M NH_4-Acetat versetzt, gemischt, und für mind. 5 Minuten auf -20°C gestellt. Die ausgefallene DNA konnte dann mit Hilfe einer Pasteurpipette herausgefischt und in 70% Ethanol gewaschen und zentrifugiert werden, bevor der Niederschlag an der Luft getrocknet und dann in ca. 500µl H_2O gelöst wurde.

4.2.5.7 Southern Blot

Genomische DNA wurde mit 1µl eines geeigneten, hoch konzentrierten Restriktionsenzyms über Nacht verdaut, am nächsten Tag wurde nochmals 1µl des Enzyms zugegeben und nochmals 24h verdaut. Die DNA wurde anschließend auf einem 0,8% Agarosegel über Nacht bei 35V oder tagsüber bei 70V aufgetrennt. Das Gel wurde zusammen mit einem Lineal fotografiert bevor es zum Depurinieren der DNA für 15 Minuten in 0,25M HCl geschüttelt wurde. Dann wurde das Gel 2 x in 0,4M NaOH für 15 Minuten geschüttelt um die DNA zu denaturieren. Anschließend wurde der Kapillarblot aufgebaut (von unten nach oben): Schüssel mit 0,4M NaOH, Streifen Whatmanpapier als Transferbrücke, Agarosegel (mit Taschenöffnungen nach unten), Hybond-N+ Membran, Whatmanpapier (angefeuchtet), Stapel aus Handtuchpapier, Gewicht (ca. 1kg). Der Blot erfolgte über Nacht. Am nächsten Tag wurde zuerst die Sonde, die via PCR aus genomischer DNA gewonnen worden war, mit dem Random Primers DNA Labeling System (Invitrogen) radioaktiv markiert und über das QiaQuick Nucleotide Removal Kit aufgereinigt. Dann wurde der Blot abgebaut und die Geltaschen auf der Membran eingezeichnet. Anschließend wurde die Membran kurz in 2x SSC geschwenkt und die DNA auf der Membran UV-kreuzvernetzt (0,12J/cm^2). Die Hybridisierung und das Waschen der Membran wurde mit dem MiracleHyb^R Hybridization Solution Kit (Stratagene) gemäß den Herstellerangaben durchgeführt. Anschließend wurde die Membran in Frischhaltefolie gepackt und in einer Filmkassette ein Röntgenfilm aufgelegt, der nach 10 bis 14 Tagen entwickelt wurde.

PCR zur Herstellung der Sonde (Primer: caroson3 & caroson4)
94°C 4min
35x   94°C 1min
      55°C 1min
      72°C 1,5min
72°C 5min
8°C hold

5 Ergebnisse

5.1 Generierung und Charakterisierung von CD22-ITIMko-Y2,5,6F ES-Zell-Klonen

5.1.1 Strategie

Das murine CD22-Molekül besitzt eine extrazelluläre Domäne für die Bindung von α-2,6-verknüpften Sialinsäuren und intrazellulär drei ITIM-Domänen, bei denen die Tyrosine 783 (Y2), 843 (Y5) und 864 (Y6) eine zentrale Rolle spielen. Ziel dieser Arbeit war es, die einzelnen Beiträge der intra- und extrazellulären Domänen zur Funktion von CD22 zu untersuchen. Eine ES-Zelllinie, bei der die Sialinsäurebindung mutiert ist (R130E), war bereits aus der Diplomarbeit von C. Geus (Geus, 2006) vorhanden. Um die Aufgabe der ITIM-Domänen identifizieren zu können, sollte eine *knock in*-Mauslinie generiert werden, bei der die drei Tyrosine in den ITIM-Motiven zu Phenylalanin mutiert sind.

Hierzu wurde der Targetvektor pCD22-ITIMko-neu (kloniert von S. Angermüller), schematisch dargestellt in Abb. 3, in E14cre AG ES-Zellen per Elektroporation eingebracht. Diese ES-Zelllinie aus dem 129Sv-Hintergrund exprimiert die cre-Rekombinase unter der Kontrolle eines Spermatogenesegens, so dass bei einer Keimbahntransmission ein loxP-flankiertes DNA-Stück, in unserem Fall die Neomycinresistenz, bereits in der F1-Generation deletiert wird.

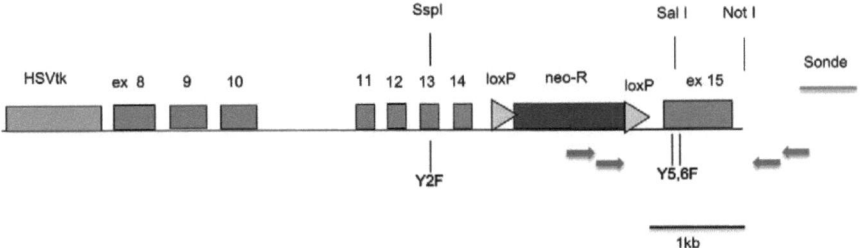

Abb. 3: Schematische Darstellung des Targetvektors pCD22-ITIMko. SspI, SalI, NotI: Schnittstellen, neo-R: Neomycinresistenzgen, HSVtk: Herpes simplex virus Thymidinkinase, ex 8 – 15: Exons 8 bis 15, Y2F: Tyrosin 783 zu Phenylalanin mutiert, Y5,6F: Tyrosine 843 und 864 jeweils zu Phenylalanin mutiert; rote Pfeile: Primer für nested-Screening-PCR.

Die Neomycinresistenz im Vektor soll allen ES-Zellen, die den Targetvektor erfolgreich inkorporiert haben, das Überleben im Antibiotika-haltigen Medium ermöglichen, während alle anderen Zellen abgetötet werden. Im Gegensatz dazu führt die nicht-homologe Integration des Vektors mitsamt der HSVtk-Kassette zum Absterben der Zelle. Durch diese Mechanismen der positiven und der negativen Selektion soll die Wahrscheinlichkeit erhöht werden, dass gepickte Klone die gewünschten Mutationen an der richtigen Stelle aufweisen.

5.1.2 Generierung von ES-Zell-Klonen

Pro Elektroporationsrunde wurden, soweit möglich, 480 Klone gepickt und in einer ‚nested'-Screening-PCR getestet, wobei ein Primerpaar in der Neomycin-Kassette, das andere außerhalb des Vektors im Genom liegt. Dadurch sollte ausschließlich bei einer korrekten, homologen Rekombination ein PCR-Produkt entstehen. Diese Screening-PCR wurde etabliert, indem ES-Zellen mit dem Kontrollvektor (Abb. 4) transfiziert und eine kleine Anzahl an Kolonien gepickt wurden.

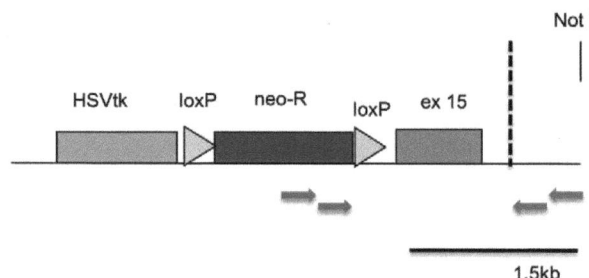

Abb. 4: Schematische Abbildung des Kontrollvektors pCD22 ITIM Kontrolle. HSVtk: Herpes simplex virus Thymidinkinase; neo-R: Neomycinresistenzgen; ex 15: Exon 15; NotI: Schnittstelle; rote Pfeile: Primer für nested-Screening-PCR. Die gestrichelte Linie zeigt das Ende des Targetvektors (Abb. 3) an.

Der Aufbau des Kontrollvektors folgt dem Prinzip des Targetvektors, allerdings ist der lange Arm stark verkürzt und der kurze Arme ist verlängert, so dass die Screening-Primer noch im Vektor binden. Dadurch wird der Ort der Rekombination gleichgültig und alle überlebenden Zellen tragen den integrierten Vektor. Mit den Lysaten dieser

Zellen wurden verschiedene Primerkombinationen und PCR-Bedingungen getestet, um möglichst optimale Bedingungen für das Screening zu finden (Abb. 5, durchgeführt von S. Bökers).

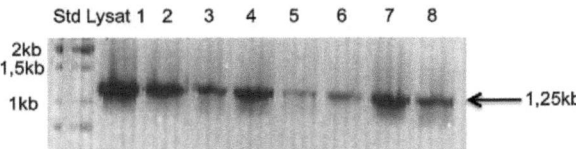

Abb. 5: Etablierung der Screening-PCR. Die nested-Screening-PCR wurde mit den Primern neoneu3/Yfnes8 (1.PCR) und neoneu1/Yfnes7 (2.PCR) etabliert. Die erwartete Bande liegt bei 1,25kb. Es wurden Lysate von einzelnen Klonen von ES-Zellen, die mit dem Kontrollvektor transfiziert waren, untersucht. (Durchgeführt von S. Bökers.)

Nach der erfolgreichen Etablierung der PCR wurden E14creAG-ES-Zellen mit dem Targetvektor transfiziert und doppelselektioniert. Bei der ersten ES-Zell-Transfektion wurden 480 Klone gepickt und mit der nested-Screening-PCR getestet. Es wurden die Primerpaare neuneu3 und Yfnes8 für die erste Runde der nested-PCR und neuneu1 und Yfnes7 für die zweite Runde gewählt. Dabei konnte ein einziger Klon (1B6) als positiv identifiziert werden (Abb. 6). Dieser Klon wurde zusammen mit einem negativen Klon als Kontrolle weitergezogen und expandiert.

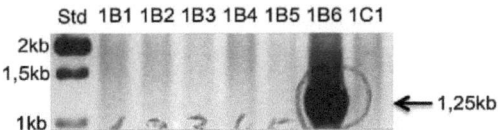

Abb. 6: Ein positiver Klon konnte im PCR-Screening identifiziert werden. 1B6: positiver Klon, nach Platte und Well benannt; 1B1 – 1B5 und 1C1 sind negative Klone.

Im weiteren Verlauf der Kultivierung des positiven Klons differenzierten die Zellen leicht an, u.U. auf Grund einer zu hohen Zelldichte in der Kulturflasche. Da andifferenzierte ES-Zellen kaum mehr erfolgreich in Blastocysten zu injizieren sind, wurde eine Subklonierung vorgenommen, bei der die ES-Zellen, wie nach der Elektroporation, auf Zellkulturschalen mit EMFIs ausgesät wurden. Nach zehn Tagen im Selektionsmedium wurden 32 Kolonien von möglichst undifferenzierten ES-Zellen gepickt und erneut in der Screening-PCR getestet, wobei alle gepickten Klone, wie erwartet, positive Banden aufwiesen (Abb. 7).

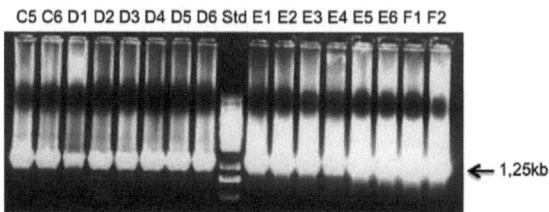

Abb. 7: Screening-PCR der Subklone von 1B6. Subklone C5, C6, D1 – D6, E1 – E6, F1, F2 wurden nach der Subklonierung erneut in der Screening-PCR getestet.

Da bei zwei Elektroporationsrunden lediglich ein einziger positiver Klon (1B6) identifiziert werden konnte (was einer Ausbeute von 1 aus 960 entspricht), wurde der kurze Arm von Target- und Kontrollvektor jeweils um 500bp verlängert (Klonierung durchgeführt von S. Angermüller), um so die Rekombinationsfrequenz zu erhöhen. Für diese neuen Vektoren musste die eine Hälfte der Primer, die im Genom binden, neu entworfen werden, die neoneu-Primer (für die Bindung in der Neo-Kassette) konnten beibehalten werden.

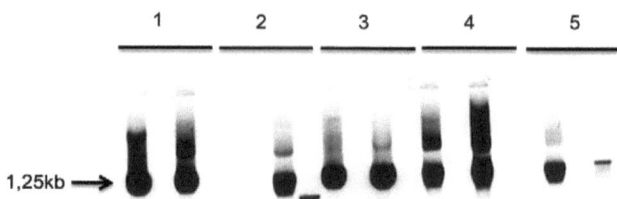

Abb. 8: Etablierung der Screening-PCR für den target-Vektor mit dem verlängerten kurzen Arm. Kolonien von E14creAG-ES-Zellen, die mit dem neuen Kontrollvektor transfiziert worden waren, wurden gepickt und je 4 Lysate mit folgenden Primerkombinationen getestet. Primerkombination 1: neoneu2/ITIMkover2_2 & neoneu1/ITIMkover2_3; Primerkombination 2: neoneu2/ITIMkover2_3 & neoneu1/ITIMkover2_4; Primerkombination 3: neoneu3/ITIMkover2 & neoneu1/ITIMkover2_3; Primerkombination 4: neoneu3/ITIMkover2_2 & neoneu1/ITIMkover2_4; Primerkombination 5: neoneu3/ITIMkover2_3 & neoneu1/ITIMkover2_4; Pfeil: Höhe der erwarteten Bande.

Mit Hilfe des neuen Kontrollkonstruktes wurden die neuen Primer in verschiedenen Kombinationen analog der vorherigen PCR-Etablierung getestet und die Primer neoneu 2 und ITIMkover2_2 für die erste, sowie neoneu1 und ITIMkover2_3 für die zweite PCR gewählt (Abb. 8). Allerdings konnte auch mit diesen neuen Vektoren bei zwei weiteren Elektroporationsrunden und insgesamt 940 gepickten und getesteten Klonen kein weiterer positiver Klon mehr identifiziert werden.

5.1.3 Charakterisierung der ES-Zell-Klone

5.1.3.1 Wiederholung der Screening-PCR in höheren Passagen

Um auszuschließen, dass die positiven Banden in der ursprünglichen Screening-PCR durch Kontamination zustande kamen, wurden im weiteren Verlauf der Kultivierung erneut Lysate der positiven Klone hergestellt und in der PCR getestet. Die Herstellung der Lysate und die PCR erfolgten analog zum vorherigen Protokoll. Wie in Abb. 9 zu sehen, konnte der Klon 1B6 auch in den Passagen 3 und 4 als positiv bestätigt werden.

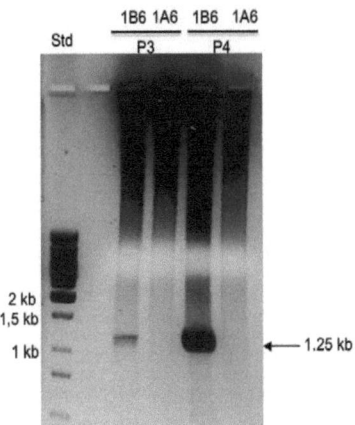

Abb. 9: Wiederholung der Screening-PCR mit Lysaten von 1B6 und 1A6 in höheren Passagen. 1B6: positiver Klon; 1A6: negativer Kontrollklon; P3: Passage 3; P4: Passage 4.

5.1.3.2 Überprüfung der Mutationen mit PCR und Verdau

Im Targetvektor wurden möglichst nahe an den Mutationen der Tyrosincodons stille Mutationen eingeführt, welche zusätzliche, im Wildtypgenom nicht enthaltene, Schnittstellen bilden. Ein Verdau dieser Schnittstellen sollte einen ersten Hinweis auf das Vorhandensein der jeweiligen Mutationen liefern. Um die Testverdaus durchführen zu können, wurde für Exon 13 mit den Primern pgkprom(1) und CD22ex11-5B (Produktgröße: 1250bp), sowie OlneoE2 und Yfnes5 für Exon15 (Produktgröße: 1887bp) jeweils eine PCR durchgeführt. Diese PCR-Produkte wurden dann über ein Gel aufgereinigt und die DNA verdaut.

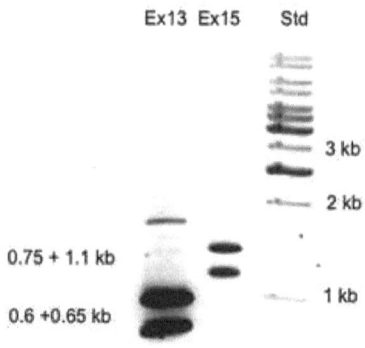

Abb. 10: Spezifischer Verdau der stillen Mutationen. Ex13: Exon 13; Ex15: Exon 15; Std: Standard; erwartete Fragmentgräße Exon 13: 0,6 und 0,65kb; erwartete Fragmentgröße Exon 15: 0,75 und 1,1kb.

Die stille Mutation in Exon 13 kodiert für eine SspI-Schnittstelle, so dass nach dem Verdau Fragmentgrößen von 600 und 650bp zu erwarten sind. In Exon 15 wurde eine SalI-Schnittstelle künstlich eingeführt, diese liegt zwischen den beiden mutierten Tyrosincodons. Hier war eine Fragmentgröße von 0,75 und 1,1kb nach einem erfolgreichen Verdau zu erwarten. Die PCR-Produkte von Klon 1B6 ließen sich für beide Exons erfolgreich verdauen (Abb. 10), was auf das Vorhandensein aller Mutationen schließen lässt.

5.1.3.3 Sequenzierung der Subklone

Um sicher zu stellen, dass die Mutationen tatsächlich in den ES-Zellen vorhanden sind, wurden PCR-Produkte der genomischen DNA sequenziert. Diese PCR-Produkte wurden mit den Primern pgkprom(1) & CD22ex11-5B für das Exon 13 und mit OlneoE2 & Yfnes5 und OlneoE3 & Yfnes7 (als nested-PCR) gewonnen. Die aus dem Gel aufgereinigten Banden wurden über die Primer CD22in13/14-3 (für Exon13) und 22in14S-Xho (für Exon 15) im virologischen Institut der Universität Erlangen sequenziert. Die Auswertung der Sequenzierdaten zeigte die erfolgreiche Mutation aller drei Tyrosincodons zu Phenylalanincodons sowohl im ursprünglichen Klon 1B6 als auch in den hier gezeigten Subklonen (Abb. 11 und 12).

```
GACACCGTTA GTTATGCCAT CTTACGCTTT   Referenzsequenz Genom
GACACCGTTA GTTTTGCAAT ATTACGCTTT   Klon 1B6
GACACCGTTA GTTTTGCAAT ATTACGCTTT   Subklon 1B1
GACACCGTTA GTTTTGCAAT ATTACGCTTT   Subklon 4B7
GACACCGTTA GTTTTGCAAT ATTACGCTTT   Subklon 2F2
           Y2F  SspI-Schnittstelle
```

Abb. 11: Ausschnitt aus der Sequenzierung von Exon 13. Rot umrandet: Basentriplett, das für Tyrosin (TAT) bzw. Phenylalanin (TTT) codiert; blau umrandet: Sequenz, die als stille Mutation zur SspI-Schnittstelle umgewandelt wurde.

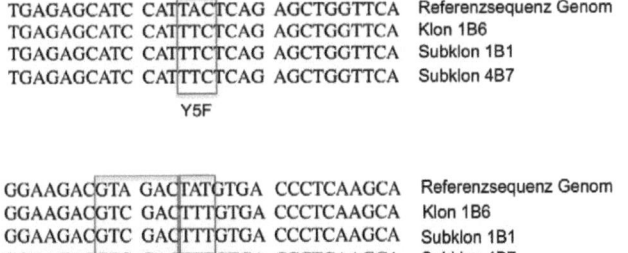

```
TGAGAGCATC CATTACTCAG AGCTGGTTCA   Referenzsequenz Genom
TGAGAGCATC CATTTCTCAG AGCTGGTTCA   Klon 1B6
TGAGAGCATC CATTTCTCAG AGCTGGTTCA   Subklon 1B1
TGAGAGCATC CATTTCTCAG AGCTGGTTCA   Subklon 4B7
                Y5F
```

```
GGAAGACGTA GACTATGTGA CCCTCAAGCA   Referenzsequenz Genom
GGAAGACGTC GACTTTGTGA CCCTCAAGCA   Klon 1B6
GGAAGACGTC GACTTTGTGA CCCTCAAGCA   Subklon 1B1
GGAAGACGTC GACTTTGTGA CCCTCAAGCA   Subklon 4B7
     SalI-Schnittstelle Y6F
```

Abb. 12: Ausschnitt aus der Sequenzierung von Exon 15. Rot umrandet: Basentriplett, das für Tyrosin (TAC, TAT) bzw. Phenylalanin (TTC,TTT) codiert; blau umrandet: Sequenz, die als stille Mutation zur SalI-Schnittstelle umgewandelt wurde.

5.1.3.4 Überprüfung der Subklone im Southern Blot

Als letzter Nachweis der Richtigkeit der Subklone sollte ein Southern Blot durchgeführt werden. Dazu wurde genomische DNA der Subklone mehrere Tage mit EcoRV verdaut. Damit sollte sich mit der externen Sonde, die im CD22-Genom außerhalb des kurzen Armes des Vektors bindet, für das Wildtyp-Allel eine Bande von 13kb ergeben, während das homolog rekombinierte Allel bei einer Größe von 9kb auftauchen sollte. Wie Abb. 13 zeigt, ist dies für Subklon 1B1 eindeutig der Fall, womit dieser Klon als für die Blastocysteninjektion geeignet eingestuft wurde.

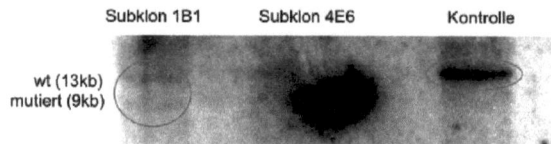

Abb. 13: Southern Blot der Subklone 1B1 und 4E6. Genomische DNA der Subklone wurden mit EcoRV verdaut und mit einer radioaktiv markierten Sonde, die außerhalb des kurzen Arms im Genom bindet, die Wildtyp- (13kb) und mutierte (9kb) Bande detektiert. Bei 1B1 sind sowohl die Wildtyp- als auch die Bande des mutierten Allels zu sehen, während beim Kontroll-Klon nur die Wildtyp-Bande auftaucht. Subklon 4E6 war nicht auswertbar.

5.1.4 Blastocysten-Injektion

Der Klon 1B1, der in allen angewandten Untersuchungsmethoden ein positives Ergebnis lieferte, wurde mehrfach in Bl/6-Blastocysten injiziert (Transgenic Facility der Universität Erlangen, Durchführung: Martina Döhler und Andrea Schneider). Es konnte jedoch kein einziges chimäres Tier generiert werden. Nach zwölf erfolglosen Injektionen wurde das Projekt abgebrochen und mit einem umklonierten Targetvektor neu begonnen (Müller, 2010).

5.2 Charakterisierung von CD22 knock in-Mäusen

5.2.1 Herstellung der knock in-Mauslinien CD22-R130E und CD22-Y5,6F

C.Geus konnte in ihrer Diplomarbeit mit den Targetvektoren pCD22-ITIMko (Abb. 3) und pKS-CD22ex1-5R130E (Abb.14) jeweils einen ES-Zellklon generieren (Geus, 2006). Während die Mutation für die CD22-R130E-ES-Zelllinie erfolgreich nachgewiesen werden konnte, ergab die Überprüfung der drei Tyrosine Y2, Y5 und Y6, dass lediglich Y5 und Y6 zu Phenylalanin mutiert sind. Die Mutation von Y2 wurde offenbar nicht erfolgreich homolog ins Genom der ES-Zellen integriert, so dass nur ein Doppel-knock in-Klon zur Blastocysteninjektion zur Verfügung stand.

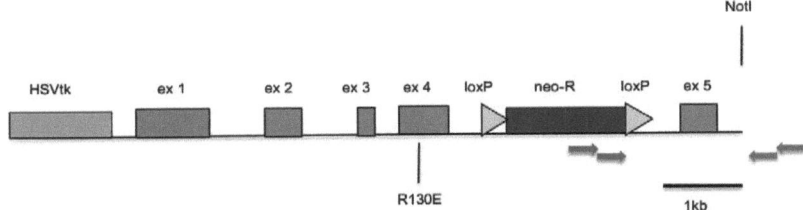

Abb. 14: Schematische Darstellung des Targetvektors pKS-CD22ex1-5R130E. NotI: Schnittstelle zur Linearisierung des Vektors, neo-R: Neomycinresistenzgen, HSVtk: Herpes simplex virus Thymidinkinase, ex 1 – 5: Exons 1 bis 5, R130E: Arginin 130 zu Glutamat mutiert; rote Pfeile: Primer für nested-Screening-PCR. (Abb. abgewandelt von C. Geus, Diplomarbeit)

Die Injektion erfolgte in Bl/6-Blastocysten, so dass chimäre Mäuse schwarz-braun gefleckt waren. Für beide Linien konnte jeweils ein hochchimäres Männchen mit Keimbahntransmission generiert werden, die mit Bl/6-Weibchen verpaart wurden. Heterozygoter Nachwuchs wurde sowohl untereinander als auch mit Bl/6-Tieren verpaart, um homozygote Tiere zu generieren und um die gesamte Linie auf Bl/6-Hintergrund rückzukreuzen.

5.2.2 Überprüfung der Mutationen auf ihre Funktionalität

5.2.2.1 CD22-R130E-Mauslinie

Bei der Mauslinie CD22-R130E sollte getestet werden, ob nach wie vor α-2,6 Sialinsäuren gebunden werden können. Dazu wurden B-Zellen aus der Milz von Wildtyp- und *knock in*-Mäusen entnommen und mit B220-PE und Neu5Gc-a2,6-Gal-SAAP-Fitc (Danzer et al., 2003) bzw. B220-Fitc und NeuAc-a2,6Gal-PAA-Bio-SA-Pe (Collins et al., 2006a) gefärbt. Ersteres ist ein α2-6 verknüpftes Sialinsäure-Analogon, das an ein Streptavidin-Alkalische Phosphatase-Rückgrat gebunden ist, während letzteres ein Sialinsäureanalogon an einem Polyacryilamidrückgrat darstellt, das über Biotin-Streptavidin PE-gefärbt wurde. Um eine Färbung zu ermöglichen, mussten die Zellen mit Sialidase vorbehandelt werden, da CD22 normalerweise *in cis* gebunden vorliegt, und kaum anfärbbar ist (Razi and Varki, 1998).

Wie in Abb.15 zu sehen ist, kann nur ein Teil der Zellen ohne Vorbehandlung angefärbt werden. Beim Wildtyp ist nach der Vorbehandlung eine deutliche Verschiebung der B-Zellpopulation zu beobachten, während bei den B-Zellen der CD22-R130E-Maus kein Unterschied zum unbehandelten Zustand zu erkennen ist, was auf die Unfähigkeit der Zellen, α2,6-verknüpfte Sialinsäuren zu binden schließen lässt. Damit hat sich die CD22-R130E-Maus in der Ligandenbindung als funktionell defekt erwiesen.

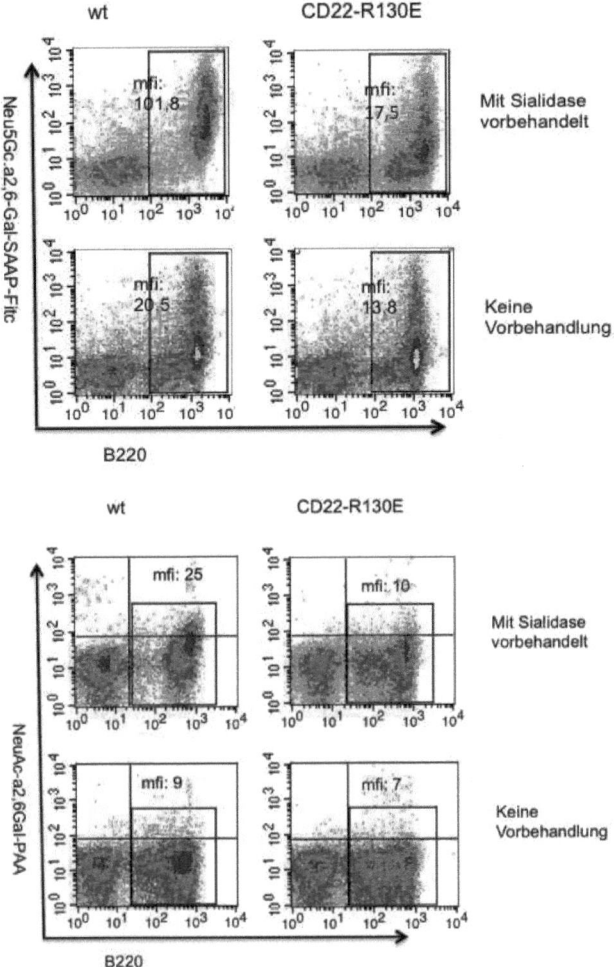

Abb. 15: Test der α-2,6 Sialinsäurebindung an B-Zellen der CD22-R130E-Mauslinie. Milzzellen wurden mit B220 und einem Sialinsäureanalogon (Neu5Gc-a2,6Gal-SAAP bzw. NeuAc-a2,6Gal-PAA) gefärbt. Ein Teil der Zellen wurde jeweils mit Sialidase zur Aufhebung der Maskierung *in cis* vorbehandelt, der andere nicht. mfi: mean fluorescence intensity.

5.2.2.2 CD22-Y5,6F-Mauslinie

Die Mutation der beiden Tyrosine zu Phenylalanin sollte eine Phosphorylierung dieser Tyrosine und damit eine SHP-1-Bindung verhindern. Um also die Funktionalität der Mutation dieser Mauslinie zu testen, wurden Immunpräzipitationen mit α-CD22 als Fänger-Antikörper durchgeführt und die präzipitierten Proteine mit anti-phospho-Tyrosin und kopräzipitiertes SHP-1 gefärbt. Zusätzlich zum Grundzustand der Zellen wurden verschiedene Zeitpunkte der BZR-Stimulation betrachtet. Wie Abb. 16 zeigt, ist die Tyrosinphosphorylierung von CD22 zu allen Stimulationszeitpunkten bei den Zellen der CD22-Y5,6F-Maus niedriger als bei der Kontrolle. Gleichermaßen ist die Bindung von SHP-1 an CD22 deutlich erniedrigt.

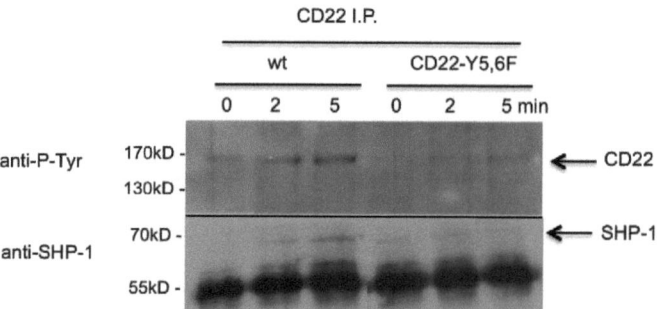

Abb. 16: Test der CD22-Phosphorylierung und SHP-1-Bindung. B-Zellen wurden für 0, 2 oder 5 Minuten mit αIgM (Fab2-Fragment) stimuliert, CD22 wurde präzipitiert und die Blots wurden auf phospho-Tyrosin und SHP-1 gefärbt. Ein typisches Experiment aus zwei Experimenten ist gezeigt.

5.2.3 Expression von CD22 an der Zelloberfläche

Da bei *knock in*-Mäusen, deren Tyrosine 130 und 137 in der extrazellulären Bindedomäne von CD22 zu Alanin mutiert sind, eine Reduktion der Oberflächenexpression von CD22 festgestellt wurde (Poe et al., 2004), lag die Vermutung nahe, dies könnte auch bei den CD22-R130E-Mäusen der Fall sein. Um zu untersuchen, ob unsere eingefügten Mutationen die Oberflächenexpression von CD22 beeinflussen, wurden B-Zellen aus der Milz im FACS auf die Menge an CD22 an der Zelloberfläche hin untersucht. Wie Abb. 17 beispielhaft dargestellt, ist weder bei CD22-R130E noch bei CD22-Y5,6F ein Unterschied zum Wildtyp zu erkennen.

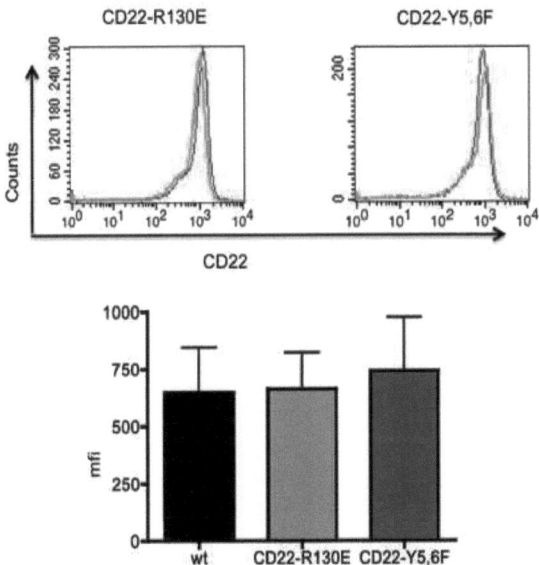

Abb. 17: Oberflächenexpression von CD22. Dargestellt ist die CD22-Menge auf der Oberfläche B220$^+$-Milz-Zellen. Rot: Wildtyp; grün: jeweilige Mutante. mfi: mean fluorescence intensity; n=9-12.

5.2.4 Messung des Ca^{2+}-Einstroms

Eine der wichtigsten Funktionen der CD22-Signalleitung ist die Inhibition des Ca^{2+}-Einstroms in die B-Zelle nach der Aktivierung durch die Kreuzvernetzung des B-Zell-Rezeptors (Nitschke et al., 1997; O'Keefe et al., 1996; Otipoby et al., 1996; Sato et al., 1996). In beiden Mauslinien wurde die Veränderung dieses Signals relativ zum Wildtyp und zur CD22$^{-/-}$-Maus untersucht. Dazu wurden Milzzellen aus der Maus entnommen und mit Indo-1, einem Chelatbildner, beladen, der zweiwertige Kationen binden kann, und dessen Absorptionsspektrum sich dabei von blau nach violett verschiebt. Zusätzlich wurden die Zellen extrazellulär auf Mac-1 und CD5 gefärbt. Um die Kreuzvernetzung des BZR nachzustellen und das Ca^{2+} aus dem endoplasmatischen Reticulum freizusetzen, wurden die Zellen mit α-IgM-Fab2-Fragment stimuliert, und das Verhältnis violettes/blaues Indo-1 über den Zeitverlauf gemessen.

Die B-Zellen, deren Sialinsäurebindung beeinträchtigt ist, zeigen einen deutlich erniedrigten Ca^{2+}-Einstrom (roten Linie, Abb. 18), sowohl im Vergleich zu Wildtyp- als auch im Vergleich zu $CD22^{-/-}$-Zellen, ein Effekt, der sich mit verschiedenen α-IgM-Konzentrationen sehr gut titrieren lässt.

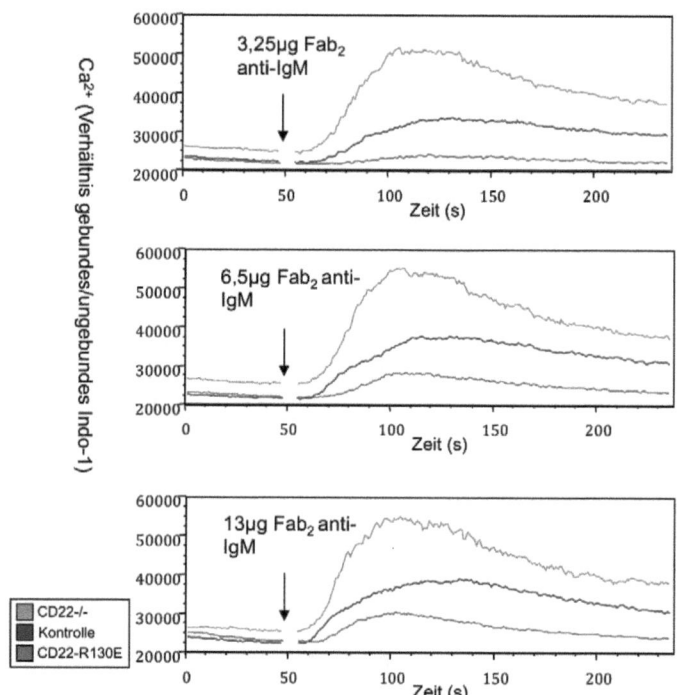

Abb. 18: Ca^{2+}-Signal in B-Zellen von CD22-R130E- und Kontrollmäusen. Milzzellen wurden Mac-1$_{Fitc}$ und CD5$_{PE}$ gefärbt und mit Indo-1 beladen. Der Verlauf des Calciumsignals in der doppelt-negativen Population wurde über die Zeit gemessen. Zum Zeitpunkt 50s wurden unterschiedliche Mengen an anti-IgM-Fab$_2$ zugegeben.

Im Gegensatz dazu lässt sich bei den CD22-Y5,6F-Mäusen eine deutliche Erhöhung des Ca^{2+}-Signals im Vergleich zum Wildtyp ausmachen, wenn es auch nicht ganz die Stärke des Signals der $CD22^{-/-}$-Kontrolle erreicht (Abb. 19). Es scheint sich hierbei also um einen partiellen Phänotyp zu handeln, da das Signal der CD22-Y5,6F-B-Zellen immer zwischen Wildtyp und *knock out* liegt.

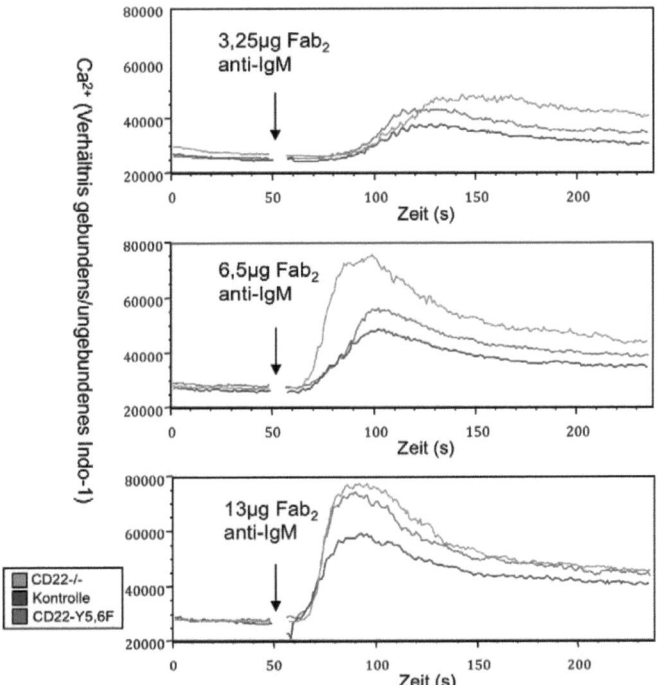

Abb. 19: Ca^{2+}-Signal in B-Zellen der CD22-Y5,6F- und Kontrollmäusen. Milzzellen wurden Mac-1$_{Fitc}$ und CD5$_{PE}$ gefärbt und mit Indo-1 beladen. Der Verlauf des Calciumsignals in der doppelt-negativen Population wurde über die Zeit gemessen. Zum Zeitpunkt 50s wurden unterschiedliche Mengen an anti-IgM-Fab$_2$ zugegeben.

5.2.5 Analyse der B-Zell-Populationen

In CD22$^{-/-}$-Mäusen ist die MZ-Population in der Milz (Samardzic et al., 2002) sowie die Anzahl der rezirkulierenden B-Zellen im Knochenmark verringert (Nitschke et al., 1997; Otipoby et al., 1996; Sato et al., 1996), letzterer Effekt wird auf die Ligandenbindung von CD22 zurückgeführt wird (Nitschke et al., 1999). Um zu überprüfen, welcher phänotypische Effekt vor allem von der Ligandenbindung und welcher von der ITIM-Signalleitung abhängt, wurden die B-Zell-Populationen in verschiedenen Organen auf verschiedene Oberflächenmarker gefärbt und im FACS analysiert.

5.2.5.1 Knochenmark

Die Anzahl der Zellen in verschiedenen B-Zellpopulationen im Knochenmark wurde über verschiedene Anfärbungen mit B220, IgM und IgD überprüft.

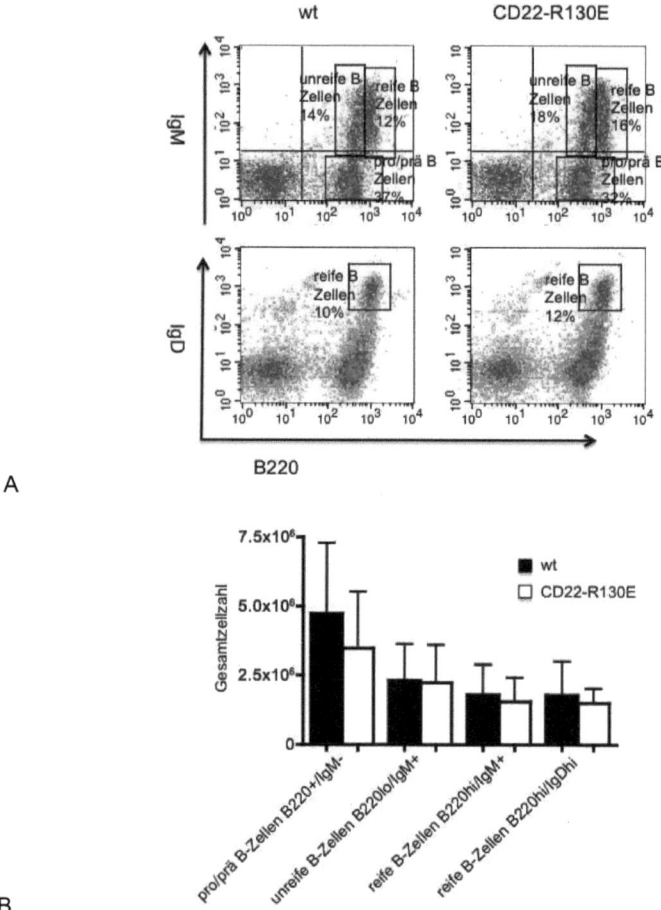

Abb. 20: B-Zell-Entwicklungsstadien im Knochenmark von CD22-R130E-Mäusen. A: Unreife, reife und pro/prä-B-Zellen wurden über B220/IgM-Anfärbung getrennt, reife B-Zellen wurden zusätzlich über eine B220/IgD-Färbung überprüft. B: Gesamtzellzahlen der B-Zell-Populationen; schwarz: wt, weiß: R130E; n=12.

Wie in Abb.20 zu erkennen, ist weder bei den relativen noch bei den absoluten Zellzahlen ein Unterschied bei den reifen B-Zellen zu erkennen. Somit ist hier kein

Defekt der Population bei den CD22-R130E-Mäusen, wie in CD22$^{-/-}$-Mäusen, feststellbar. Auch bei pro/prä- und unreifen B-Zell-Populationen sind Wildtyp- und knock in-Mäuse vergleichbar (Abb. 20 und Daten nicht gezeigt).

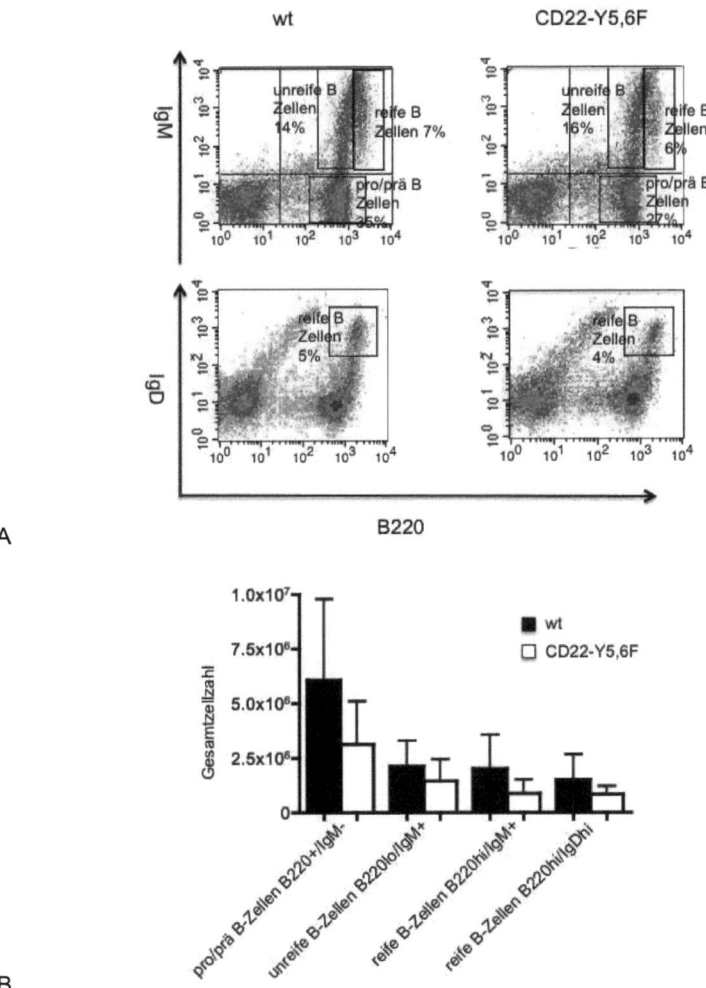

Abb. 21: B-Zell-Entwicklungsstadien im Knochenmark von CD22-Y5,6F-Mäusen. A: Unreife, reife und pro/prä-B-Zellen wurden über B220/IgM-Anfärbung getrennt, reife B-Zellen wurden zusätzlich über eine B220/IgD-Färbung überprüft. B: Gesamtzellzahlen der B-Zell-Populationen; schwarz: wt, weiß: Y5,6F; n=12

Die B-Zell-Entwicklung der CD22-Y5,6F-Mäuse verläuft ebenfalls normal, und auch bei der Analyse der rezirkulierenden B-Zellen gibt es hier weder prozentual noch absolut Abweichungen zum Wildtyp (Abb. 21). Es fällt jedoch auf, dass sämtliche B-Zell-Populationen in CD22-Y5,6F-Mäusen leicht, nicht signifikant, reduziert sind.

5.2.5.2 Milz

Neben den rezirkulierenden B-Zellen ist auch die Anzahl der Marginalzonen-B-Zellen in den CD22$^{-/-}$-Mäusen sowohl prozentual als auch absolut erniedrigt (Nitschke et al., 1997; Samardzic et al., 2002). Daher wurde bei der Analyse der CD22-R130E- und CD22-Y5,6F-Mäuse bei der Analyse der Milz darauf besonders Augenmerk gelegt und die FO und MZ B-Zellen in zwei Färbungen unterschieden. Dabei ergab sich jeweils eine relative Erniedrigung der MZ-Population für die CD22-R130E-Mäuse, die sich jedoch nur in der B220/CD1d-Färbung nach Berechnung der Totalzellzahlen wieder finden ließ. Für die CD21/CD23-Färbung konnte hier kein Unterschied mehr festgestellt werden (Abb. 22).

Im Gegensatz dazu konnte bei den CD22-Y5,6F-Mäusen weder bei den relativen, noch bei den absoluten Zellzahlen ein Unterschied zu den Wildtyp-Mäusen beobachtet werden (Abb. 23).

Ergebnisse

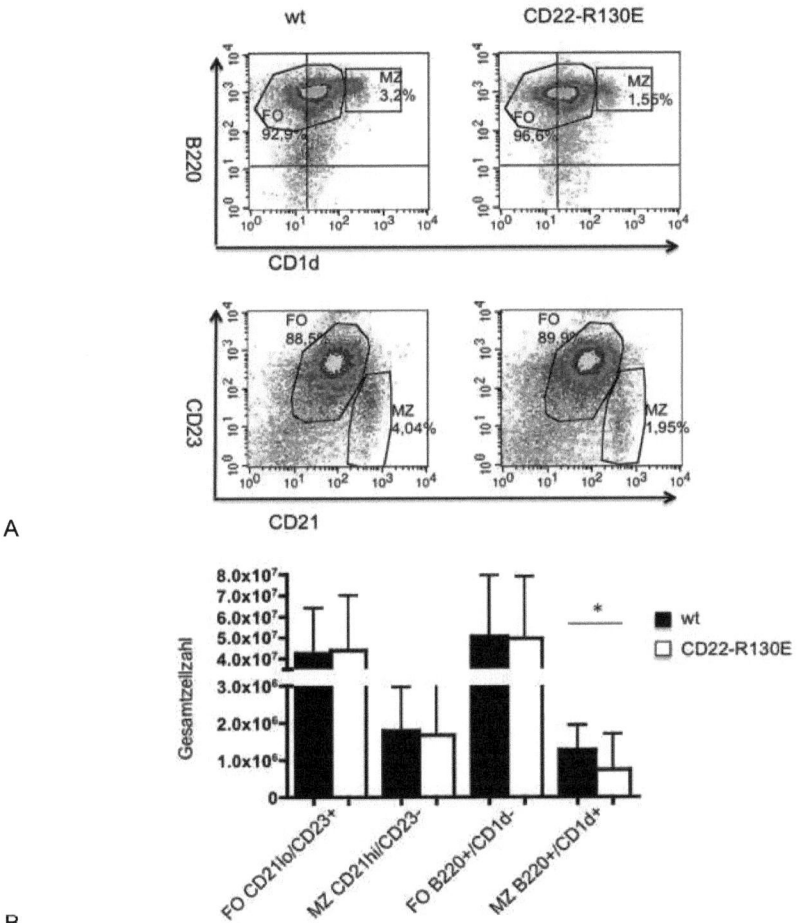

Abb. 22: Follikuläre und Marginalzonen-B-Zellen in CD22-R130E-Mäusen. A: Follikuläre und Marginalzonen-B-Zellen wurden über B220/CD1d- und CD21/CD23-Anfärbung unterschieden. B: Gesamtzellzahlen der B-Zell-Populationen; schwarz: wt, weiß: CD22-R130E; FO: Follikuläre B-Zellen; MZ: Marginalzonen-B-Zellen; n=12.

Ergebnisse

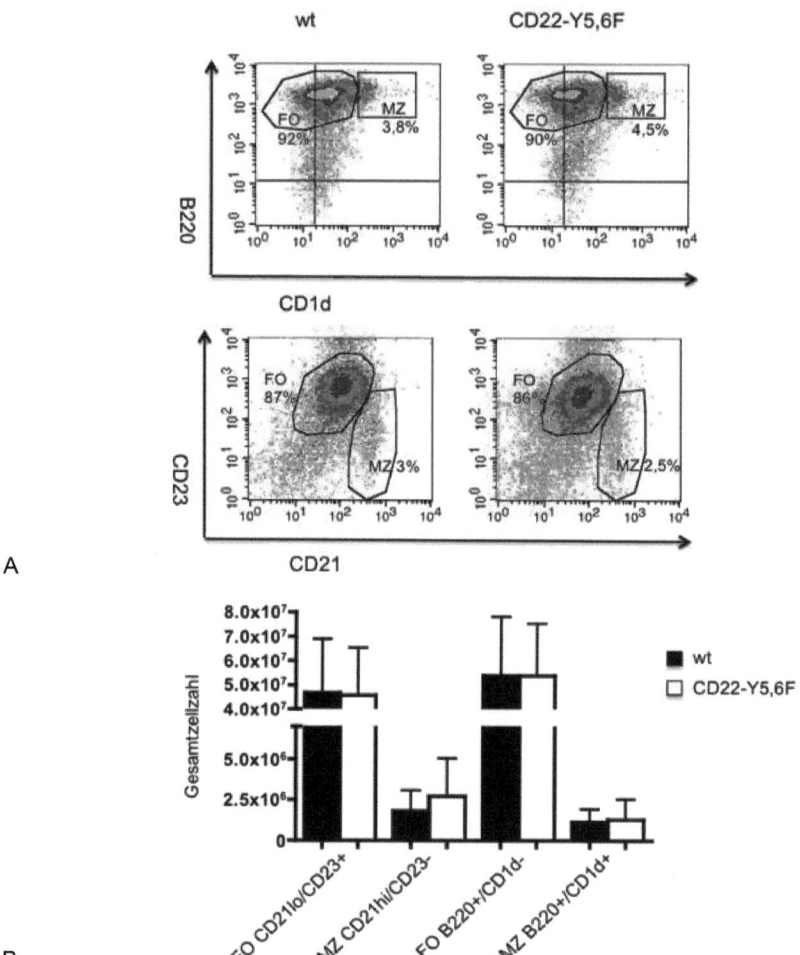

Abb. 23: Folliculäre und Marginalzonen-B-Zellen in CD22-Y5,6F-Mäusen. A: Folliculäre und Marginalzonen-B-Zellen wurden über B220/CD1d- und CD21/CD23-Anfärbung unterschieden. B: Gesamtzellzahlen der B-Zell-Populationen; schwarz: wt, weiß: CD22-Y5,6F; FO: Folliculäre B-Zellen; MZ: Marginalzonen-B-Zellen; n=12.

5.2.6 Thymus-unabhängige Immunantwort Typ 2

$CD22^{-/-}$-Mäuse zeigen niedrigere Serumspiegel an IgM- und IgG3-Antikörpern nach einer Immunisierung mit TNP-Ficoll (Nitschke et al., 1997; Otipoby et al., 1996;

Samardzic et al., 2002). Dies ist ein typisches Antigen für eine thymus-unabhängige Immunantwort vom Typ 2, bei der vor allem ein Klassenwechsel zu IgG3 stattfindet. Daher wurden Mäuse sowohl der CD22-R130E- als auch der CD22-Y5,6F-Linie mit TNP-Ficoll intraperitoneal immunisiert und an den Tagen 0, 5, 7 und 10 Blut entnommen. Mit dem aus diesem Blut gewonnenen Serum wurden TNP-spezifische IgM- und IgG3-ELISAs durchgeführt, um den Verlauf der Immunantworten zu analysieren.

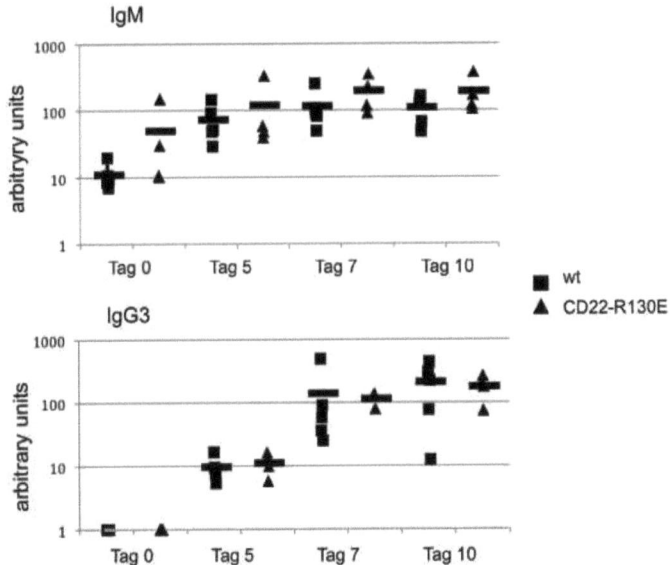

Abb. 24: IgM- und IgG3-Serumspiegel im Verlauf der Immunisierung mit TNP-Ficoll bei CD22-R130E-Mäusen. CD22-R130E-Mäuse wurden mit 10µg TNP-Ficoll immunisiert und an Tag 0, 5, 7 und 10 geblutet. TNP-spezifische IgM- und IgG3-Level wurden über die Bindung an TNP-BSA im ELISA bestimmt. Jeder Punkt repräsentiert ein Tier. IgG3-Spiegel waren an Tag 0 nicht detektierbar.

Wie Abb. 24 und 25 zeigen, war weder bei den CD22-R130E- noch bei den CD22-Y5,6F-Tieren ein Unterschied zum Wildtyp zu erkennen. Sowohl die IgM- als auch die IgG3-Antwort entsprechen jeweils dem normalen Verlauf.

Ergebnisse

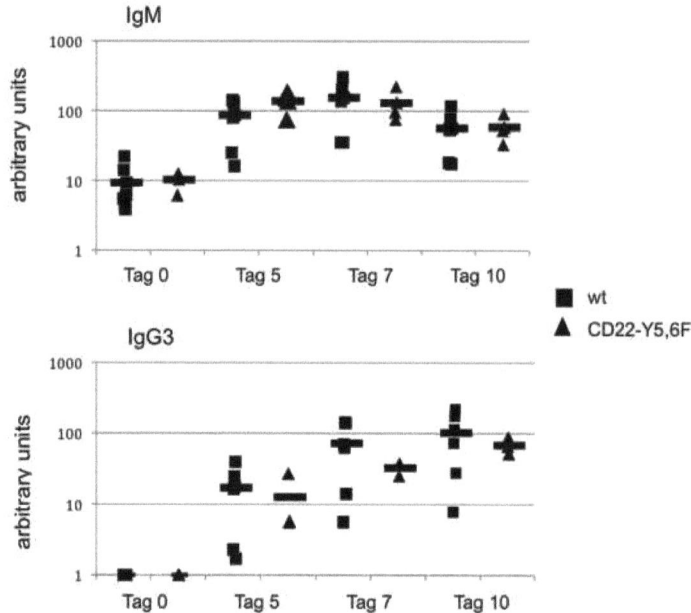

Abb. 25: IgM- und IgG3-Serumspiegel im Verlauf der Immunisierung mit TNP-Ficoll bei CD22-Y5,6F-Mäusen. CD22-Y5,6F-Mäuse wurden mit 10µg TNP-Ficoll immunisiert und an Tag 0, 5, 7 und 10 geblutet. TNP-spezifische IgM- und IgG3-Level wurden über die Bindung an TNP-BSA im ELISA bestimmt. Jeder Punkt repräsentiert ein Tier. IgG3-Spiegel waren an Tag 0 nicht detektierbar.

5.2.7 BrdU-Inkorporation zur Bestimmung des B-Zell-‚turnover'

Bereits für die CD22$^{-/-}$-Mäuse wurden durch BrDU-Inkorporation erhöhte ‚turnover'-Raten der B-Zellen festgestellt (Nitschke et al., 1997; Otipoby et al., 1996), daher wurden sowohl für CD22-R130E- als auch für CD22-Y5,6F-Mäuse die BrdU-Einbauraten von verschiedenen B-Zell-Populationen in Milz und Knochenmark bestimmt. Dazu wurden *knock in*- und Kontrollgruppen mit dem Nukleotidanalogon BrdU gefüttert und an den Tagen 0, 3, 5 und 7 analysiert.

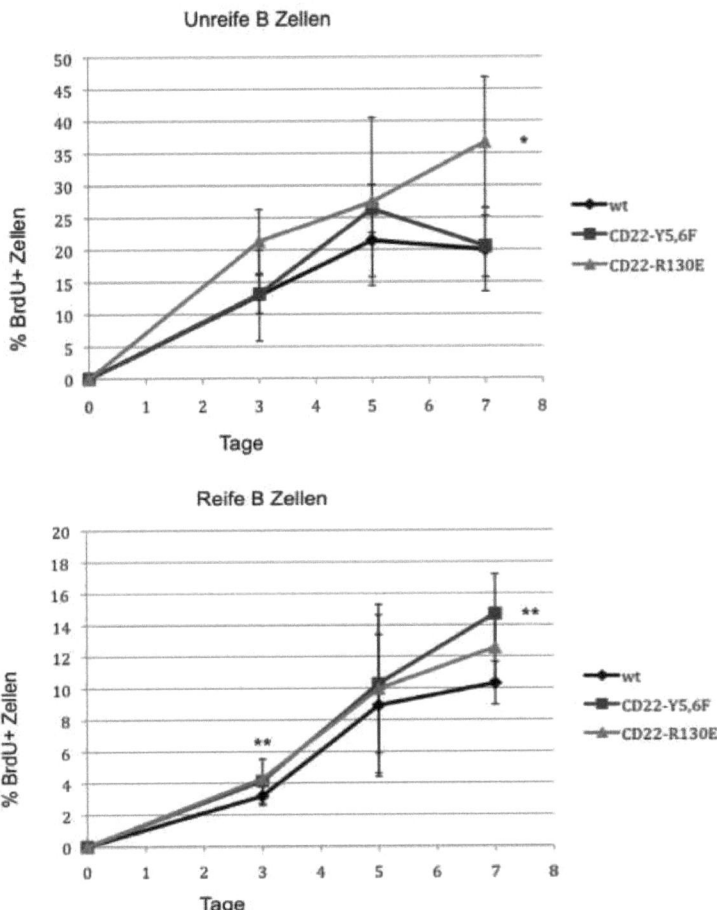

Abb. 26: Einbau von BrdU in Milzzellen. Unreife B-Zellen: B220+AA4.1+; reife B-Zellen: B220+AA4.1-. signifikante Unterschiede (*, $p<0{,}05$) für unreife CD22-R130E- gegen wt-B-Zellen an Tag 7; hochsignifikant (**, $p<0{,}01$) für reife CD22-R130E- gegen wt-B-Zellen an Tag 3 und reife CD22-Y5,6F- gegen wt-B-Zellen an Tag 7. n=4-5

Während bei den CD22-R130E-Mäusen eine teilweise signifikant erhöhter BrdU-Einbau schon bei den unreifen B-Zellen in der Milz vorliegt, ist bei den CD22-Y5,6F-Mäusen hier kein Unterschied erkennbar. Dagegen zeigen beide Mauslinien einen höheren, teilweise hochsignifikant erhöhten, BrdU-Einbau bei den reifen B-Zellen. Diese tendenziell gesteigerte BrdU-Inkorporation findet sich auch in den reifen B-

Zellen des Knochenmarks für beide Mauslinien wieder, hier jedoch lässt sich kein großer Unterschied bei den unreifen B-Zellen erkennen (Abb. 26 und 27).

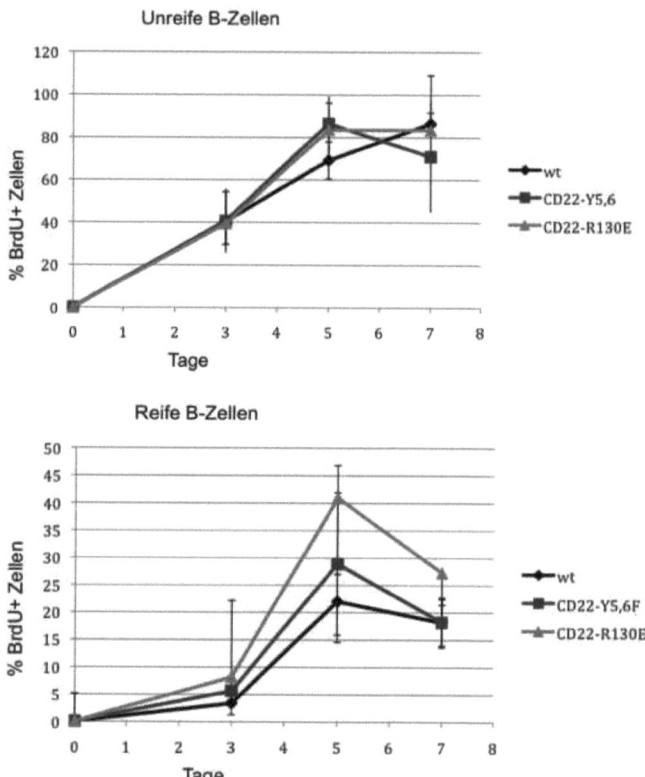

Abb. 27: Einbau von BrdU in Zellen des Knochenmarks. Unreife B-Zellen: B220+IgMhigh; reife B-Zellen: B220+IgDhigh. n=4-5

5.2.8 Wanderung von CFSE-beladenen B-Zellen zu Knochenmark und Milz

Die Anzahl rezirkulierender B-Zellen im Knochenmark ist in $CD22^{-/-}$-Mäusen reduziert (Nitschke et al., 1997; Otipoby et al., 1996; Samardzic et al., 2002; Sato et al., 1996), was auf die Bindung von CD22 an Liganden auf den Knochemarksendothelzellen zurückgeführt wird (Nitschke et al., 1999). Da kein Unterschied in der Population der reifen rezirkulierenden B-Zellen im Knochenmark bei der Analyse der CD22-R130E-Mäuse zu erkennen war, sollte ein weiteres Experiment klären, ob eine defekte CD22-Ligandenbindestelle das ‚homing' der reifen B-Zellen zum Knochenmark verhindern kann.

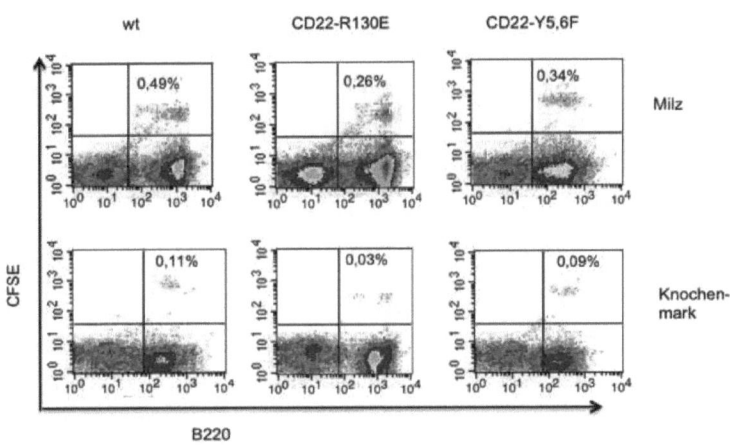

A

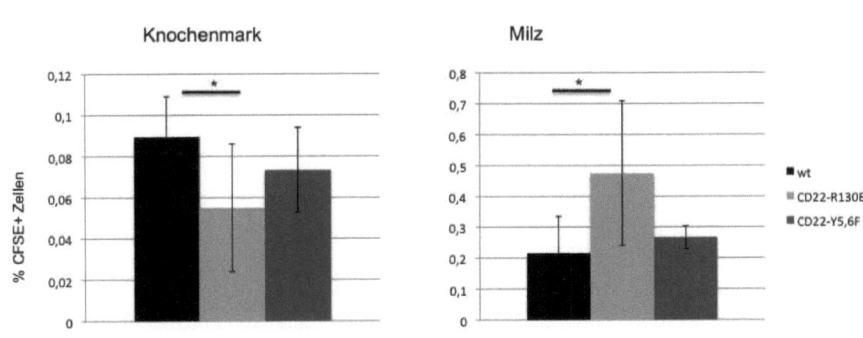

B

Abb. 28: Verteilung von CFSE-positiven B-Zellen nach adoptivem Transfer. Milzzellen aus wt-, CD22-R130E- und CD22-Y5,6F-Mäusen wurden mit CFSE beladen und in Empfängermäuse gespritzt. Nach 24h wurde der Anteil an CFSE-positiven Zellen in diesen Mäusen für Milz und Knochenmark bestimmt. A: Ein typisches Beispiel der FACS-Auswertung der B220$^+$-Zellen ist gezeigt. B: Die prozentualen Anteile der wiedergefundenen CFSE$^+$-Zellen wurden graphisch aufgetragen und statistisch ausgewertet. n=4-6 Tiere pro Gruppe; Mittelwert aus 2 Experimenten; * $p<0,05$.

Dazu wurden B-Zellen aus Wildtyp-, CD22-R130E- und CD22-Y5,6F-Mäusen mit CFSE beladen und jeweils 10^7 Zellen in allogene Empfängermäuse gespritzt. Nach 24 Stunden wurden aus diesen Mäusen das Knochenmark und die Milz entnommen und jeweils der Anteil an CFSE-positiven B-Zellen bestimmt. Dadurch sollte festgestellt werden, ob die B-Zellen der beiden mutierten Mauslinien ein anderes Wanderungsverhalten zu diesen beiden Organen zeigen. Dabei ergab sich für die CD22-R130E-B-Zellen eine deutliche Tendenz einer Ansammlung in der Milz bei einer gleichzeitigen verringerten Wanderung zum Knochenmark (Abb. 28). Dagegen lässt sich bei den CD22-Y5,6F-B-Zellen kein Unterschied zu den Wildtyp-Zellen ausmachen.

5.2.9 Assoziation von CD22 mit dem BZR

Es wurde wiederholt nachgewiesen, dass CD22 mit dem BZR assoziiert, auch wenn das Ausmaß der konstitutiven Kolokalisation umstritten ist (Peaker and Neuberger, 1993; Zhang and Varki, 2004). Um festzustellen, ob die Mutation der Sialinsäurebindestelle bzw. die Mutation zweier ITIM-Domänen einen Einfluss auf die Assoziation zwischen BZR und CD22 bzw. phosphoryliertem CD22, hat, wurden verschiedene Versuche durchgeführt.

5.2.9.1 Koimmunpräzipitation

Im Rahmen einer Koimmunpräzipitation wurde α-kappa als Fängerantikörper eingesetzt und die jeweilige Menge an phosphoryliertem CD22 und Gesamt-CD22, die sich über kappa präzipitieren lässt, bestimmt. Zusätzlich wurde die Veränderung der präzipitierten CD22-Menge in Abhängigkeit von 2 und 5 Minuten Stimulation mit α-IgM untersucht. Wie Abb. 29 zeigt, ist bei der CD22-R130E-Mutante mehr phosphoryliertes CD22 mit dem BZR assoziiert als in der Wildtypkontrolle, ein Phänomen, das sich sowohl im Grundzustand als auch nach Stimulation beobachten lässt. Im Gegensatz dazu ist kaum phosphoryliertes CD22 bei den CD22-Y5,6F-Mäusen zu sehen. Über die Assoziation von Gesamt-CD22 mit dem BZR kann jedoch, auch nach der Auswertung der Pixelintensitäten keine eindeutige Aussage getroffen werden (Daten nicht gezeigt).

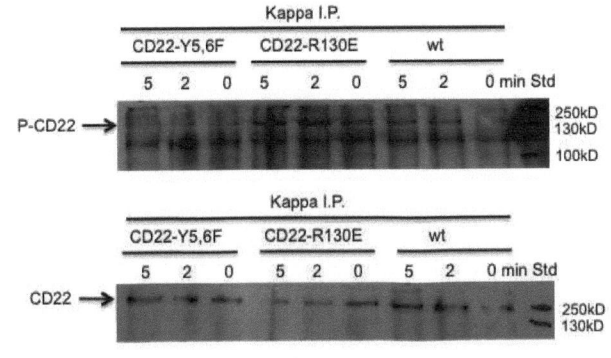

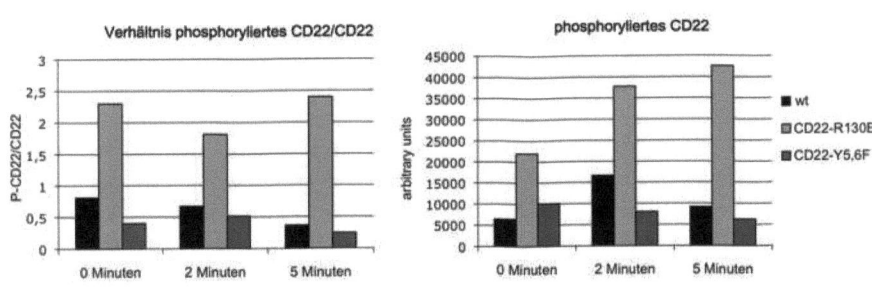

A

B

Abb. 29: Anti-Kappa-Koimmunpräzipitation von CD22. Experimente unter meiner Aufsicht durchgeführt von L. Heger; vorläufiges Ergebnis eines einzigen Experiments. A: Fängerantikörper anti-Kappa; Färbung von Phospho-Tyrosin mit 4G10; Stimulation mit anti-IgM-Fab2-Fragment. B: Analyse der Blots über Pixelintensität, normiert auf Ladekontrolle (kappa), im linken Graphen wurde die Menge an phosphoryliertem CD22 auf die Gesamtmenge von CD22 bezogen (jeweils normiert auf kappa).

5.2.9.2 Konfokale Fluoreszenzmikroskopie

Mit Hilfe der konfokalen Fluoreszenzmikroskopie sollte die Assoziation zwischen dem BZR und CD22 direkt abgebildet werden. Dazu wurden B-Zellen aus der Milz von Wildtyp-, CD22-R130E- und CD22-Y5,6F-Mäusen auf 8-Loch-Objektträgern im Grundzustand und nach verschiedenen Stimulationen mit anti-IgM fixiert und auf IgM und CD22 gefärbt. Wie Abb. 30 zeigt, ist kein Unterschied in der Kolokalisation zwischen den Wildtypzellen und den CD22-R130E-Zellen zu sehen. Auf den ersten Blick scheint bei den CD22-Y5,6F-Zellen die Kolokalisation stärker zu sein, eine Bestimmung des Korrelationskoeffizienten (nach Pearson) über ImageJ von 15 Bildern pro Mauslinie ergab jedoch keine Unterschiede zwischen den einzelnen Mauslinien.

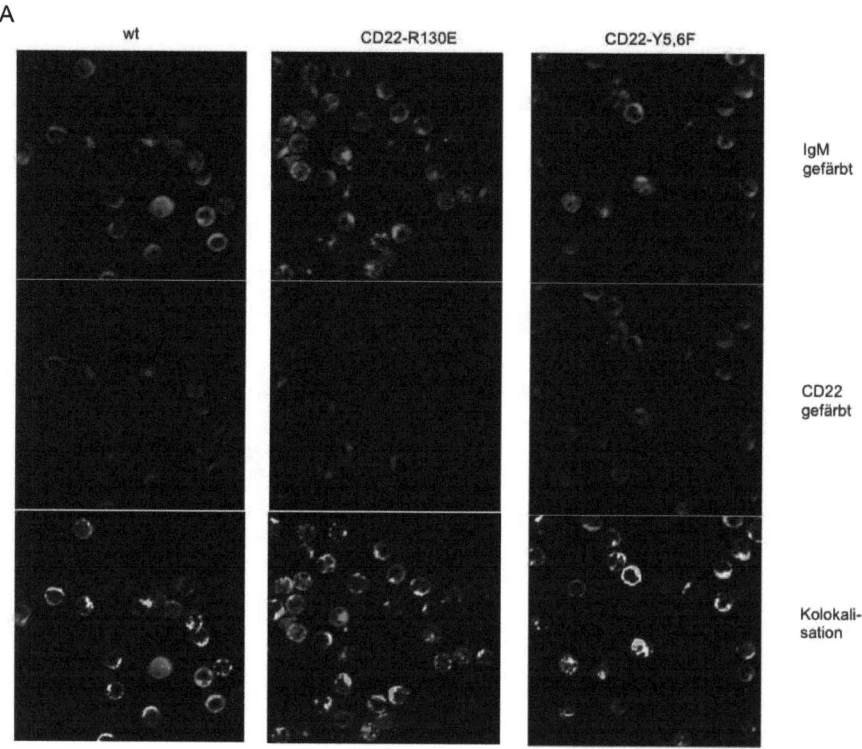

B

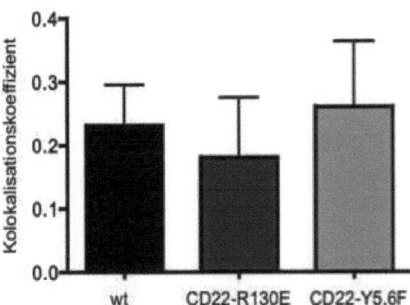

Abb. 30: Kolokalisierung von IgM und CD22 im unstimulierten Zustand. A: Milz-B-Zellen wurden auf CD22 und IgM gefärbt; Bilder wurden am konfokalen Fluoreszenzmikroskop aufgenommen und in ImageJ überlagert und auf Kolokalisation untersucht. Rot: CD22bio-SACy3; grün: IgMCy5; weiß: Kolokalisation von CD22 und IgM; B: Mittelwerte der Kolokalisationskoeffizienten wurden graphisch dargestellt und statistisch ausgewertet. Kolokalisationskoeffizient: Korrelationskoeffizient nach Pearson (1=vollkommene Übereinstimmung; 0=überhaupt keine Übereinstimmung).

6 Diskussion

6.1 Generierung von Y2,5,6F-ES-Zellen

Der Targetvektor pCD22-ITIMko-neu (Abb. 31) trägt die Exons 8 bis 15 des murinen CD22-Gens, wobei in Exon 13 eine und in Exon 15 zwei Punktmutationen die Konversion von Tyrosin zu Phenylalanin bewirken. Im Intron 14 befindet sich eine Neomycin-Resistenz-Kassette zur positiven Selektion. An dieser Position liegt die Neo-Kassette zwischen den Mutationen, so dass die Wahrscheinlichkeit möglichst hoch ist, dass alle Mutationen in die ES-Zellen rekombiniert werden. Flankiert wird die Neo-Kassette von loxP-Stellen, die es der Cre-Rekombinase ermöglichen, die Neomycin-Resistenz aus der DNA zu entfernen, so dass CD22 normal abgelesen werden kann. Zusätzlichen enthält der Vektor eine HSV-tk (Herpes simplex Virus-Thymidinkinase)-Kassette am Ende des langen Armes zur negativen Selektion.

Ein Klon aus 960 gepickten Klonen erwies sich in der PCR als positiv und konnte weiter getestet werden. Dies stellt eine außergewöhnlich geringe Rekombinationshäufigkeit dar, nach bisherigen Erfahrungen mit anderen knock out-Mäusen in der Arbeitsgruppe (Hoffmann, 2007) wäre eine Frequenz von fünf bis zehn Klonen zu erwarten. Es wurde jedoch bereits in früheren Arbeiten mit diesem Targetvektor eine sehr niedrige Ausbeute an positiven Klonen erzielt (Geus, 2006), wodurch sich erneut die Frage stellt, was die Rekombinationshäufigkeit vermindert. Da die DNA des Targetvektors aus den E14creAG ES-Zellen stammt, ist die nötige Isogenie (te Riele et al., 1992) gegeben, so dass möglichst keine Fehlpaarungen die homologe Rekombination behindern (de Wind et al., 1995). Möglich wäre auch eine so dicht gepackte Chromatinstruktur, dass eine homologe Zusammenlagerung der DNA erschwert wird. Zudem nimmt die Länge des kurzen und des langen Arms des Targetvektors entscheidenden Einfluss auf die Rekombinationshäufigkeit (Thomas et al., 1992). Es erscheint jedoch unwahrscheinlich, dass einer dieser beiden Faktoren entscheidend für die niedrige Ausbeute ist, da ein ähnliches Konstrukt, wenn auch auf Bl/6-Hintergrund, bereits erfolgreich für die Generierung von $CD22^{-/-}$-Mäusen verwendet wurde. Dieser Vektor beinhaltet Exon 8 bis Intron 14 und hat die Neo-Kassette in Exon 11 (Nitschke et al., 1997). Möglicherweise ist die Lokalisierung der Neo-Kassette im pCD22-ITIMko-neu in Intron 14 ungünstiger, oder der Teil von

Intron 7, der in diesem Vektor noch zusätzlich enthalten ist, erschwert die Rekombination.

Um die Rekombinationshäufigkeit zu erhöhen, wurden beide Arme um jeweils ca. 500bp verlängert (Abb. 32, Klonierung S. Angermüller). Dies führte dazu, dass das Produkt der Screening-PCR ca. 1,8kb groß war, eine Größe, die an der oberen Grenze einer stabilen PCR liegt. Mit diesem Vektor wurden zwei weitere Screening-Runden mit insgesamt ca. 900 Klonen durchgeführt, ohne dass ein einziger Klon als positiv identifiziert werden konnte. Somit scheint die Verlängerung der Arme keinen positiven Effekt auf die homologe Rekombination zu haben. Es wäre jedoch auch möglich, dass die PCR durch die Länge des Produkts so instabil wurde, dass positive Klone nicht erkannt werden konnten. Dafür spricht auch, dass teilweise die mitgeführten Positivkontrollen keine Banden ergaben, obwohl die Etablierung mit verschiedenen Primerkombinationen gut funktioniert hatte (Abb. 8). Nach diesem neuerlichen Misserfolg wurde die Vektorstrategie geändert, der Targetvektor neu kloniert und mit größerem Erfolg nochmals in die ES-Zellen eingebracht (Bökers, 2008; Müller, 2010).

Der im Rahmen dieser Arbeit generierte ES-Zell-Klon konnte erfolgreich in verschiedenen Tests als positiv bestätigt werden, jedoch war eine Subklonierung nötig, da die Zellen im Verlauf der Kultivierung andifferenzierten. Dies ist vermutlich auf zu dichtes Wachstum zurückzuführen, da zu allen Zeiten LIF im Medium enthalten war, das eine Differenzierung verhindern soll, was jedoch nur bei kleinen Kolonien funktioniert. Die Subklonierung schien erfolgreich zu sein, da die Klone im weiteren Verlauf einen normalen, undifferenzierten ES-Zell-Phänotyp zeigten. Es erwies sich jedoch in mehreren Anläufen als unmöglich chimäre Mäuse mit diesen Zellen herzustellen, was wohl auf diese Andifferenzierung zurückzuführen ist.

Bereits in einer früheren Arbeit konnte ein ES-Zell-Klon mit dem Targetvektor pCD22-ITIMko-neu generiert werden, jedoch konnten nur die beiden Mutationen in Exon 15 erfolgreich nachgewiesen werden (Geus, 2006). Die Mutation von Y2 in Exon 13 ist hier offenbar nicht in das Genom integriert worden, die homologe Rekombination scheint also – trotz der Nähe zur Neo-Kassette – im Bereich von Exon 14 stattgefunden zu haben. Dieser Klon wurde erfolgreich in Blastocysten injiziert und die resultierende Mauslinie charakterisiert.

Diskussion

6.2 Charakterisierung der *knock in*-Mauslinien CD22-R130E und CD22-Y5,6F

6.2.1 Überprüfung der Mutationen

Nachdem die beiden Mauslinien CD22-R130E und CD22-Y5,6F erfolgreich generierte waren, musste überprüft werden, ob die jeweilige Mutation tatsächlich die Bindung von α2,6-Sialinsäure bzw. die Phosphorylierung von CD22 verhindert. Dazu wurden für die CD22-R130E-Mäuse Milzzellen entnommen und mit dem B-Zellmarker B220 und mit Sialinsäureanaloga gefärbt. Es wurden zwei verschiedene Analoga verwendet: Neu5Gc-a2,6Sia-Gal-SAAP-Fitc (Danzer et al., 2003) ist an Streptavidin-Alkalische Phosphatase gekoppelt, während NeuAc-a2,6Gal-PAA (Collins et al., 2002) an ein Polyacrylamid-Rückgrat gebunden ist. Für jede Maus wurden zwei Proben gefärbt, wobei eine mit Sialidase vorbehandelt war während die andere nicht behandelt wurde. Diese Vorbehandlung ist notwendig, wie der Vergleich mit dem unbehandelten Ansatz zeigt, da CD22 zu großen Teil *in cis* maskiert auf der B-Zell-Oberfläche vorliegt und kaum für andere Liganden zugänglich ist (Collins et al., 2004; Collins et al., 2006a; Razi and Varki, 1998). Die Anfärbungen mit beiden Sialinsäureanaloga (Abb 15) zeigen unabhängig voneinander, dass die Fähigkeit, α2,6-verknüpfte Sialinsäuren zu binden in CD22-R130E-Mäusen deutlich reduziert ist, was beweist, dass die Mutation zu einem funktionellen Defekt in der Ligandenbindung führt.

Die Tyrosine 5 und 6 sind jeweils ein essentieller Bestandteil von ITIM-Domänen, an die nach ihrer Phosphorylierung Signalmoleküle, in erster Linie SHP-1, binden (Doody et al., 1995; Law et al., 1996; Otipoby et al., 2001; Poe et al., 2000; Sato et al., 1996; Yohannan et al., 1999), wodurch wiederum der Calciumeinstrom in die Zelle, ausgelöst durch die Kreuzvernetzung des BZR, herunterreguliert wird (Chen et al., 2004; Nitschke, 2005; Nitschke and Tsubata, 2004; Otipoby et al., 2001; Poe et al., 2000). Um zu überprüfen, ob CD22-Y5,6F-B-Zellen noch phosphoryliert werden und damit SHP-1 binden können, wurden Immunpräzipitationen mit und ohne Stimulation des BZR durchgeführt. Dabei wurde CD22 als Fängerantiköper verwendet und die präzipitierten Protein auf phospho-Tyrosin, SHP-1 und gesamtes CD22 gefärbt. Es konnte nachgewiesen werden, dass sowohl die Menge an phosphoryliertem CD22 als auch an kopräzipitiertem SHP-1 in der *knock in*-Maus erniedrigt ist (Abb. 16). Nach wie vor jedoch konnte im Zeitverlauf eine leichte Zunahme an phospho-Tyrosin und auch minimale SHP-1-Bindung beobachtet werden, was vermutlich auf die dritte, funktionsfähige ITIM-Domäne und möglicherweise auch auf die Grb2-ähnliche Bindedomäne mit Tyrosin 4 zurückzuführen ist. Diese Immunpräzipitationen müssen jedoch nochmals wiederholt werden, da die CD22-Ladekontrolle nicht gut funktioniert hat.

Zwei Mauslinien, bei denen entweder die Tyrosine 130 und 137 zu Alaninen (CD22AA) mutiert sind oder die beiden äußersten Ig-Domänen fehlen (CD22Δ1-2), zeigen deutlich erniedrigte Oberflächenexpression von CD22 auf den reifen B-Zellen (Poe et al., 2004). Um zu überprüfen, ob dies auch bei den CD22-R130E- und CD22-Y5,6F-Mäusen der Fall ist, wurden FACS-Färbungen durchgeführt. Es konnten keine Unterschiede zwischen den *knock in*- und den Wildtyp-Mäusen nachgewiesen werden (Abb 17), allerdings haben beide Mauslinien einen gemischten Hintergrund aus 129/Sv und Bl/6. Es erscheint jedoch unwahrscheinlich, dass eine erneute Untersuchung nach der Rückkreuzung zu Bl/6 einen Unterschied ergibt, die CD22AA- und CD22Δ1-2-Mäuse ebenfalls einen gemischten Hintergrund aufweisen (Poe et al., 2004). Da der einzige Unterschied zwischen der CD22AA- und der CD22-R130E-Maus in den beiden Argininen 130 und 137 liegt, muss darin auch der Unterschied der CD22-Oberflächenexpression begründet liegen. Die CD22-R130E-Maus hat eine Mutation von einer basischen zu einer sauren Aminosäure, während bei der CD22AA-Maus zwar zwei Aminosäure mutiert sind, hier jedoch ein Wechsel von basisch zu neutral vorliegt. Möglicherweise sorgen diese beiden Mutationen für eine größere Änderung in der dreidimensionalen Struktur von CD22 als der einzelne Aminosäureaustausch, was zu einer vermehrten Degradation führen könnte. Eine Untersuchung der mRNA-Level der CD22AA- und CD22Δ1-2-B-Zellen zeigt nur geringe Abweichungen zum Wildtyp (Poe et al., 2004), was die Theorie erhärtet, dass die Ursache für die unterschiedliche CD22-Oberflächenexpression auf Proteinebene zu finden ist. Möglich wäre auch eine erhöhte CD22-Endocytoserate bei den CD22AA-Mäusen, was jedoch, da dies über die Lokalisation von CD22 in ‚clathrin-coated pits' erfolgt (John et al., 2003; Tateno et al., 2007), implizieren würde, dass sich bei den CD22-R130E-Mäusen weniger CD22 in diesem Membrankompartiment befindet als bei den CD22AA-Mäusen.

6.2.2 Analyse des Phänotyps der CD22 knock in-Mäuse

6.2.2.1 Signalleitung

CD22 wurde als inhibitorischer Korezeptor des BZR identifiziert, da an die phosphorylierten intrazellulären ITIM-Domänen hauptsächlich SHP-1 bindet (Blasioli et al., 1999; Doody et al., 1995), was bei den CD22$^{-/-}$-Mäusen zu einem deutlich erhöhten Calciumflux führt (Nitschke et al., 1997; O'Keefe et al., 1996; Otipoby et al., 1996; Sato et al., 1996). Entscheidend ist wohl, dass nach der Bindung von SHP-1 an phosphoryliertes CD22 die Interaktion mit PMCA4 ermöglicht wird, was den Abtransport von Calcium aus der Zelle fördert und so das Ca^{2+}-Signal herunterreguliert (Chen et al., 2004). Vor diesem Hintergrund ist es nicht verwunderlich, dass bei den B-Zellen der CD22-Y5,6F-Mäuse das Calciumsignal erhöht ist. Der Ca^{2+}-Flux liegt dabei zwischen dem Signal der CD22-defizienten B-Zellen und dem Wildtyp, so dass es sich hierbei wohl um einen partiellen Phänotyp handelt (Abb. 19). Dies erklärt sich vermutlich durch die noch funktionsfähige dritte ITIM-Domäne und möglicherweise durch die Grb2-ähnliche Bindedomäne, die ebenfalls nicht mutiert ist. In vitro-Experimente mit humanen B-Zelllinien, die murines CD22 exprimieren, haben gezeigt, dass von den Tyrosinen 2, 5 und 6 die Tyrosine 5 und 6 die wichtigeren Bindepartner für SHP-1 sind (Otipoby et al., 2001). Andere Ergebnisse dagegen zeigen, dass SHP-1 gleich gut an Y2 und Y5 wie auch an Y5 und Y6 binden kann (Blasioli et al., 1999). Dies könnte eine Erklärung für die restliche SHP-1-Bindung und geringere BZR-Inhibition der CD22-Y5,6F- im Vergleich zu den Wildtypmäusen sein. Im Gegensatz dazu ist das Calciumsignal bei den CD22-R130E-Mäusen deutlich erniedrigt, sowohl im Vergleich zu CD22$^{-/-}$- als auch Wildtypmäusen (Abb. 18). Dieses Ergebnis war überraschend im Hinblick auf frühere Ergebnisse aus Zelllinien, die auf eine Rolle der α2,6-Sialinsäure-Bindung für die inhibitorische Funktion von CD22 hinweisen (Jin et al., 2002; Kelm et al., 2002). Darüber hinaus konnten auch in den bereits erwähnten knock in-Mäusen CD22AA und CD22Δ1-2 keine veränderten Calciumsignale gemessen werden, obwohl auch hier die Ligandenbindung unmöglich war (Poe et al., 2004). Da diese Mäuse jedoch eine geringere Oberflächenexpression von CD22 aufweisen, könnte dies möglicherweise vermehrte inhibitorische Effekte der Mutationen ausgleichen, so dass das Calciumsignal normal erscheint. Dagegen konnte bei ST6Gall-defizienten Mäusen eine Erniedrigung des Calciumeinstroms gemessen werden (Ghosh et al.,

2006; Grewal et al., 2006; Hennet et al., 1998). Dies weist zusammen mit den Ergebnissen dieser Arbeit darauf hin, dass die Ligandenbindung von CD22 auf der B-Zell-Oberfläche eine entscheidende Rolle für die Inhibition des BZR-Signals spielt (Doody et al., 1995; Yu et al., 2007). Auf der Grundlage der ST6GalI-*knock out*- und CD22-R130E-Mauslinien wurde ein Modell aufgestellt, das die Inhibition des B-Zell-Rezeptors durch CD22 in Relation zu den CD22-Ligand-Interaktionen setzt. Dabei ist ein Großteil von CD22 im Wildtyp als Homooligomer *in cis* gebunden (Han et al., 2005) und nur ein kleiner Anteil an CD22 kann zum BZR rekrutiert werden und das Calciumsignal inhibieren. Dagegen kann sowohl in ST6GalI-defizienten als auch bei CD22-R130E-Mäusen (Abb. 31A) mehr CD22 zum BZR rekrutiert werden, so dass die Inhibition höher ist als im Wildtyp (Abb. 31B). So konnte auch mit synthetischen CD22-Liganden die Translokation von CD22 zum BZR in ‚lipid rafts' bzw. die BZR-Signalleitung unterbunden werden (Kelm et al., 2002; Yu et al., 2007).

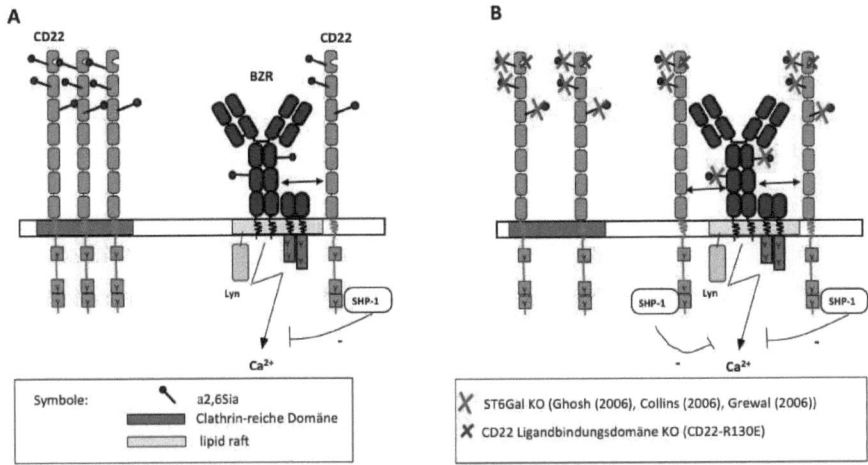

Abb. 31: Modell für die Rolle der cis-Liganden-Interaktionen von CD22. A: In Wildtyp-B-Zellen ist ein Großteil von CD22 als Homooligomer *in cis* gebunden, nur ein kleiner Anteil kann zum BZR rekrutiert werden und das Calciumsignal inhibieren. B: In ST6GalI-*knock out*- und CD22-R130E-*knock in*-Mäusen ist eine Oligomerisierung unmöglich und mehr CD22 kann zum BZR rekrutiert werden, so dass die Inhibition stärker ist. (Abb. verändert nach (Nitschke, 2009).

Diese vermehrte Kolokalisation von CD22 und dem B-Zell-Rezeptor ist auch in der anti-Kappa-Immunpräzipitation zu sehen (Abb. 29). Hier ist der Anteil an phosphoryliertem CD22, das mit IgM kopräzipitiert werden konnte deutlich erhöht. Allerdings handelt es sich dabei nur um ein einziges Experiment, das zur Bestätigung noch der Wiederholung bedarf. Da sich der Unterschied zwischen der CD22-R130E- und der Wildtyp-Maus jedoch deutlich zu sehen ist, ist eine ähnliche Tendenz für weitere Experimente zu erwarten. Überraschenderweise ließ sich im konfokalen Fluoreszenzmikroskop bisher keine vermehrte Kolokalisation von CD22 und BZR bei CD22-R130E-Mäusen nachweisen (Abb. 30), allerdings handelt es sich auch hier um ein vorläufiges Ergebnis, da jeweils nur eine Maus untersucht wurde. Bei der Auswertung der Fluoreszenzmikroskopbilder ergibt sich zudem die Schwierigkeit einer objektiven Analyse, so dass hier mit Hilfe des Programms ImageJ die Überlagerung der roten und grünen Pixel ausgewertet wurde. Dieser Überlagerungsfaktor (Korrelationskoeffizient nach Pearson) wurde dann für alle 12 Bilder pro Maus gemittelt und statistisch ausgewertet. Um eine exakte Auswertung zu gewährleisten, müssten alle Bilder die gleiche Anzahl an Zellen enthalten und die Zellen dürften nicht aneinander liegen. Eine derartige Vorauswahl der Bildausschnitte erschien jedoch sehr subjektiv und fast nicht zu finden, daher wurde hier darauf verzichtet und in Kauf genommen, dass wesentlich mehr Bilder aufgenommen werden müssen, um diese Schwankungen auszugleichen. Es wäre daher möglich, dass sich bei der Analyse weiterer Mäuse mit dieser Methode noch eine Tendenz ergibt.

6.2.2.2 Analyse der B-Zell-Populationen und turnover

Frühere Experimente lieferten Hinweise darauf, dass CD22 bei der Wanderung reifer B-Zellen zum Knochenmark involviert ist. So finden sich in den CD22$^{-/-}$-Mauslinien weniger reife rezirkulierende B-Zellen im Knochenmark (Nitschke et al., 1997; Otipoby et al., 1996; Sato et al., 1996), ebenso wie in den ST6GalI-*knock out*-Mäusen, die keine CD22-Liganden mehr bilden können (Collins et al., 2006b; Ghosh et al., 2006). Zudem zeigten Wildtyp-B-Zellen nach adoptivem Transfer in diese Mäuse eine verringerte ‚homing'-Kapazität zum Knochenmark (Ghosh et al., 2006). Darüber hinaus konnte das ‚homing' reifer B-Zellen durch die Gabe von CD22-Fc-Protein *in vivo* unterbunden werden (Nitschke et al., 1999). Mäuse mit defekter Ligandenbindung wiesen zwar weniger reife rezirkulierende B-Zellen im Knochemark auf, aber die Migration der B-Zellen war normal (Poe et al., 2004). Daher ist es

Diskussion

auffällig, dass bei den CD22-R130E-Mäusen keine Reduzierung in der Population der reifen Knochenmarks-B-Zellen zu sehen ist (Abb. 20), dagegen zeigt der adoptive Transfer von B-Zellen aus der Milz dieser Mäuse eine signifikante Verschiebung des Migrationsverhaltens (Abb. 28). So ist die Zahl der CFSE-beladenen B-Zellen, die im Knochenmark der Rezipientenmäuse wiederzufinden sind, erniedrigt, während deutlich mehr Zellen zur Milz gewandert sind. Es ist nicht auszuschließen, dass der gemischte genetische Hintergrund der CD22-R130E-Mäuse hierbei eine Rolle spielt, es erscheint jedoch unwahrscheinlich da auch einige der $CD22^{-/-}$ (O'Keefe et al., 1999; Otipoby et al., 1996; Sato et al., 1996) und die CD22-*knock in*-Mäuse (Poe et al., 2004) diesen gemischten Hintergrund haben und trotzdem diese Reduktion reifer B-Zellen im Knochenmark zeigen. Die B-Zellen der CD22-Y5,6F-Maus hingegen verhalten sich wie erwartet ähnlich der Wildtyp-Zellen. Insgesamt ergab die FACS-Analyse der B-Zell-Populationen der CD22-Y5,6F-Maus keine Auffälligkeiten. Damit scheinen die beiden mutierten ITIM-Domänen weder auf die Entwicklung der B-Zellen im Knochenmark noch auf die Differenzierung in die einzelnen Subpopulationen einen Einfluss zu nehmen. Auch die CD22-R130E-Mäuse können eine normale B-Zellentwicklung im Knochenmark vorweisen, was für beide Mauslinien keine Überraschung darstellt in Anbetracht der Tatsache, dass auch alle *knock out*-Mäuse hier keinen Phänotyp zeigen (Nitschke et al., 1997; O'Keefe et al., 1996; Otipoby et al., 1996; Sato et al., 1996). Dagegen findet sich die Reduktion der Marginalzonen-B-Zellen in der Milz von $CD22^{-/-}$-Mäusen (Samardzic et al., 2002) bei den CD22-R130E- (Abb. 22), nicht jedoch bei den CD22-Y5,6F-Tieren wieder. Dies ist unerwartet, da bei den CD22-R130E-B-Zellen das Calciumsignal erniedrigt ist. Nach bisherigen Erkenntnissen hängt die Entscheidung für follikuläre oder MZ-B-Zelle von der Stärke des BZR ab, so dirigiert ein starkes BZR-Signal die Entwicklung der B-Zelle Richtung FO-, ein schwaches Signal dagegen Richtung MZ-B-Zelle (Cariappa et al., 2001; Niiro and Clark, 2002; Pillai and Cariappa, 2009; Pillai et al., 2005). Somit wäre bei den CD22-Y5,6F-Mäusen eine Reduktion der MZ-B-Zell-Population zu erwarten, während bei den CD22-R130E-Mäusen diese erhöht sein müsste. Eine Rest-Signalleitung des dritten, nicht-mutierten ITIMs könnte die normale Verteilung zwischen FO- und MZ-Kompartment in den CD22-Y5,6F-Mäusen erklären. Interessanterweise wurde eine den CD22-R130E-Mäusen ähnliche Erniedrigung der MZ-B-Zellzahlen auch in den bereits publizierten Mäusen mit defekter Ligandbindung beschrieben (Poe et al., 2004), so dass wohl die Interaktion von CD22 mit seinen Liganden für die Generierung und/oder Homöostase dieser B-Zell-Subpopulation essentiell ist (Poe et al., 2004; Tedder et al., 1997).

Sowohl Ligandenbindung als auch die Signalleitung der ITIM-Domänen scheinen eine Rolle beim B-Zell-‚turnover' zu spielen, da hier bei den reifen B-Zellen in der Milz und für CD22-R130E-Mäuse auch bei den unreifen Milz-B-Zellen, sowie als Tendenz bei den reifen B-Zellen im Knochenmark, ein höherer BrdU-Einbaus zu beobachten ist (Abb. 26 und 27). Erhöhte BrdU-Einbauraten konnten auch bereits bei CD22$^{-/-}$-Mäusen (Nitschke et al., 1997; Otipoby et al., 1996) sowie bei Mäusen mit defekter Ligandenbindung (CD22AA und CD22Δ1-2) nachgewiesen werden (Poe et al., 2004). Da die Gesamt-B-Zellzahl trotz des erhöhten BrdU-Einbaus nicht erhöht ist, kann von einer erhöhten Apoptoserate bzw einer kürzeren Lebensdauer der reifen B-Zellen ausgegangen werden, wie sie bereits für CD22-defiziente Mäuse beschrieben wurde (Nitschke et al., 1997; Otipoby et al., 1996).

6.2.2.3 TI2-Immunantwort

Die Analyse der IgM- und IgG3-Serumspiegel nach der Immunisierung mit TNP-Ficoll, einem thymus-unabhängigen Antigen, ergab weder bei CD22-R130E- noch bei CD22-Y5,6F-Mäusen einen Unterschied im Vergleich zum Wildtyp. Es gab jedoch bei den verschiedenen CD22-defizienten Mauslinien bereits unterschiedliche Ergebnisse bezüglich der Immunantwort. So wurde eine Beeinträchtigung der TI2-Antwort beschrieben (Nitschke et al., 1997; Otipoby et al., 1996), ein andermal vermehrte Antikörperproduktion nach der Immunisierung mit einem thymus-abhänigen Antigen (O'Keefe et al., 1996), eine dritte Gruppe wiederum berichtete von keinerlei signifikanten Unterschieden in der Immunantwort gegen verschiedene Antigene (Sato et al., 1996). Für die geringere Antikörperproduktion in der TI2-Antwort bei den CD22$^{-/-}$-Mäusen wurde die verringerte Anzahl an MZ-B-Zellen verantwortlich gemacht (Nitschke, 2009; Samardzic et al., 2002), daher wäre ein Effekt auch bei den CD22-R130E-Mäusen nicht überraschend gewesen. Allerdings ist die Zahl der MZ-B-Zellen bei CD22-defizienten Mäusen um das 3- bis 4-fache erniedrigt, während die CD22-R130E-Mäuse maximal einen Faktor 2 an Unterschied aufweisen, es ist also nicht auszuschließen, dass ein möglicher Effekt in der TI2-Immunantwort erst nach deutlich mehr Experimenten zu sehen ist.

6.3 Ausblick

Wir sind die ersten, die diese beiden CD22-Domänen in Mausmodellen direkt vergleichen. Dabei konnten wir nachweisen, dass die ITIM-Domänen nur in die inhibitorische Funktion von CD22 involviert sind, für die Entwicklung der B-Zell-Populationen spielen sie keine Rolle. Dagegen nimmt die Ligandenbindedomäne von CD22 Einfluss auf die Entwicklung der Marginalzonen-B-Zellen und, vermutlich über das Ausmaß der Kolokalisation mit dem BZR, auf die Inhibition des Calcium-Signals. Es bleiben jedoch noch einige Punkte offen, die in weiteren Experimenten geklärt werden müssen. So ist die Kolokalisation von CD22 und IgM im konfokalen Fluoreszenzmikroskop und im ‚proximity ligation assay' noch nicht nachgewiesen, und auch die biochemische Assoziation von CD22 mit IgM und SHP-1 muss nochmals in Immunpräzipitationen überprüft werden. Zusätzlich ist die Bedeutung von CD22 für das ‚homing' der reifen rezirkulierenden B-Zellen zum Knochenmark noch nicht endgültig geklärt, wozu weitere Versuche mit CFSE-beladenen Zellen nötig sind. Darüber hinaus wäre eine Untersuchung der Thymus-abhängigen Immunantwort und der B-Zell-Proliferation von Interesse. Auch die einzelnen B-Zellpopulationen sollten nochmals bei den nach Bl/6 zurückgekreuzten Tieren überprüft werden. Eine Analyse der CD22-Y2,5,6F-Mauslinie könnte weitere Aufschlüsse über den Einfluss der drei ITIMs auf die B-Zell-Signalleitung geben.

7 Zusammenfassung

CD22 ist ein Transmembranprotein aus der Familie der Siglecs, das ausschließlich auf B-Zellen exprimiert wird. In seiner äußersten extrazellulären Ig-Domäne befindet sich eine Ligandenbindestelle für $\alpha 2,6$-verknüpfte Sialinsäuren, was wohl für das ‚homing' von reifen rezirkulierenden B-Zellen ins Knochenmark eine Rolle spielt. Der cytoplasmatische Schwanz beinhaltet sechs Tyrosine, drei davon sind essentielle Bestandteile von ITIM-Domänen, ein weiteres gehört zu einer Grb2-Bindestelle. Die Phosphorylierung dieser ITIMs führt nach der B-Zell-Rezeptor-Kreuzvernetzung zu einer inhibitorischen Signalkaskade, die das BZR-induzierte Calciumsignal dämpft. CD22-defiziente Mäuse zeigen daher einen erhöhten Calciumflux. Daneben ist sowohl die Zahl der reifen B-Zellen im Knochenmark als auch die Marginalzonen-B-Zell-Zahl deutlich erniedrigt.

Im Rahmen dieser Arbeit wurden CD22-*knock in*-Mauslinien generiert, bei denen entweder die extrazelluläre Sialinsäurebindedomäne (CD22-R130E) oder zwei der drei ITIM-Domänen (CD22-Y5,6F) mutiert sind. Die defekte Signalleitung der CD22-Y5,6F-Mauslinie führt zu einem erhöhten Calciumsignal nach der Aktivierung der B-Zellen. Diese Mutation hat keinen Einfluss auf die Ausprägung der verschiedenen B-Zell-Populationen in den einzelnen Organen. Es konnte jedoch ein erhöhter ‚turnover' in den reifen B-Zellen der Milz festgestellt werden. Im Gegensatz zu den CD22-Y5,6F-Mäusen weisen die CD22-R130E-Mäuse ein deutlich erniedrigtes Calciumsignal auf. Dieses ist vermutlich auf eine vermehrte Kolokalisation von CD22 mit dem BZR zurückzuführen, was bisher jedoch nur in einer Immunpräzipitation nachgewiesen werden konnte. Während keine Erniedrigung der Anzahl rezirkulierender B-Zellen im Knochenmark zu sehen ist, lässt sich aber eine geringere Migration CFSE-beladener B-Zellen zum Knochenmark im adoptiven Transfer verzeichnen. Zusätzlich konnte eine Reduktion der Marginalzonen-B-Zellzahl beobachtet werden. Ähnlich wie bei den CD22-Y5,6F-B-Zellen zeigte sich auch bei den CD22-R130E-B-Zellen ein erhöhter ‚turnover', sowohl in den reifen B-Zellen von Milz und Knochenmark als auch tendenziell in den unreifen B-Lymphozyten in der Milz.

8 Summary

CD22 is a transmembrane protein of the Siglec family and is expressed solely on B cells. Its outermost extracellular Ig domain contains a binding domain for $\alpha 2,6$-linked sialic acid which is considered fort the homing of B cells to the bone marrow. The cytoplasmic tail of CD22 contains six tyrosines whereof three are part of ITIM domains and a fourth belongs to a Grb2 binding motif. The phosphorylation of those ITIMs leads to the inhibiton of the calcium signal after the BCR crosslinking. CD22-deficient mice show therefore a higher calcium flux. Besides they have reduced numbers of recirculating B cells in the bone marrow and fewer marginal zone B cells.

We generated two CD22-knock in mouse strains where one has a mutated sialic acid binding domain (CD22-R130E) while the other has two mutated ITIM domains (CD22-Y5,6F). The signalling defect in CD22-Y5,6F mice leads to an increased calcium flux after the activation of the B cells. There are no differences in the various B cell populations. However, the turnover of mature B cells in the spleen is increased.

In contrast to CD22-Y5,6F mice, the calcium flux in CD22-R130E mice is drastically reduced. This is probably due to the increased colocalization of CD22 with the B cell receptor which could be shown in a co-immunoprecipitation. While there are no reduced numbers of recirculating B cells in the bone marrow, CFSE-labelled B cells migrate less to the bone marrow in adoptive transfer experiments. Additionally, fewer marginal zone B cells could be found in the spleen. Similarly to CD22-Y5,6F mice, the turnover is higher for mature B cells both in spleen and bone marrow and also in immature B cells in the spleen of CD22-R130E mice.

9 Literatur

Ackermann, J.A., D. Radtke, A. Maurberger, T.H. Winkler, and L. Nitschke. 2011. Grb2 regulates B-cell maturation, B-cell memory responses and inhibits B-cell Ca(2+) signalling. *EMBO J* 30:1621-1633.

Blasioli, J., S. Paust, and M.L. Thomas. 1999. Definition of the sites of interaction between the protein tyrosine phosphatase SHP-1 and CD22. *J Biol Chem* 274:2303-2307.

Bökers, S. 2008. Generierung von Embryonalen Stammzellen mit Punktmutationen im Genabschnitt für den cytoplasmatischen Teil von CD22. *Diplomarbeit*

Bygrave, A.E., K.L. Rose, J. Cortes-Hernandez, J. Warren, R.J. Rigby, H.T. Cook, M.J. Walport, T.J. Vyse, and M. Botto. 2004. Spontaneous autoimmunity in 129 and C57BL/6 mice-implications for autoimmunity described in gene-targeted mice. *PLoS Biol* 2:E243.

Cariappa, A., M. Tang, C. Parng, E. Nebelitskiy, M. Carroll, K. Georgopoulos, and S. Pillai. 2001. The follicular versus marginal zone B lymphocyte cell fate decision is regulated by Aiolos, Btk, and CD21. *Immunity* 14:603-615.

Chan, V.W., C.A. Lowell, and A.L. DeFranco. 1998. Defective negative regulation of antigen receptor signaling in Lyn-deficient B lymphocytes. *Curr Biol* 8:545-553.

Chan, V.W., F. Meng, P. Soriano, A.L. DeFranco, and C.A. Lowell. 1997. Characterization of the B lymphocyte populations in Lyn-deficient mice and the role of Lyn in signal initiation and down-regulation. *Immunity* 7:69-81.

Chen, J., P.A. McLean, B.G. Neel, G. Okunade, G.E. Shull, and H.H. Wortis. 2004. CD22 attenuates calcium signaling by potentiating plasma membrane calcium-ATPase activity. *Nat Immunol* 5:651-657.

Collins, B.E., O. Blixt, N.V. Bovin, C.P. Danzer, D. Chui, J.D. Marth, L. Nitschke, and J.C. Paulson. 2002. Constitutively unmasked CD22 on B cells of ST6Gal I knockout mice: novel sialoside probe for murine CD22. *Glycobiology* 12:563-571.

Collins, B.E., O. Blixt, A.R. DeSieno, N. Bovin, J.D. Marth, and J.C. Paulson. 2004. Masking of CD22 by cis ligands does not prevent redistribution of CD22 to sites of cell contact. *Proc Natl Acad Sci U S A* 101:6104-6109.

Collins, B.E., O. Blixt, S. Han, B. Duong, H. Li, J.K. Nathan, N. Bovin, and J.C. Paulson. 2006a. High-affinity ligand probes of CD22 overcome the threshold set by cis ligands to allow for binding, endocytosis, and killing of B cells. *J Immunol* 177:2994-3003.

Collins, B.E., B.A. Smith, P. Bengtson, and J.C. Paulson. 2006b. Ablation of CD22 in ligand-deficient mice restores B cell receptor signaling. *Nat Immunol* 7:199-206.

Courtney, A.H., E.B. Puffer, J.K. Pontrello, Z.Q. Yang, and L.L. Kiessling. 2009. Sialylated multivalent antigens engage CD22 in trans and inhibit B cell activation. *Proc Natl Acad Sci U S A* 106:2500-2505.

Crocker, P.R., J.C. Paulson, and A. Varki. 2007. Siglecs and their roles in the immune system. *Nat Rev Immunol* 7:255-266.

Daeron, M., S. Jaeger, L. Du Pasquier, and E. Vivier. 2008. Immunoreceptor tyrosine-based inhibition motifs: a quest in the past and future. *Immunol Rev* 224:11-43.

Danzer, C.P., B.E. Collins, O. Blixt, J.C. Paulson, and L. Nitschke. 2003. Transitional and marginal zone B cells have a high proportion of unmasked CD22: implications for BCR signaling. *Int Immunol* 15:1137-1147.

de Wind, N., M. Dekker, A. Berns, M. Radman, and H. te Riele. 1995. Inactivation of the mouse Msh2 gene results in mismatch repair deficiency, methylation tolerance, hyperrecombination, and predisposition to cancer. *Cell* 82:321-330.

Doody, G.M., L.B. Justement, C.C. Delibrias, R.J. Matthews, J. Lin, M.L. Thomas, and D.T. Fearon. 1995. A role in B cell activation for CD22 and the protein tyrosine phosphatase SHP. *Science* 269:242-244.

Engel, P., Y. Nojima, D. Rothstein, L.J. Zhou, G.L. Wilson, J.H. Kehrl, and T.F. Tedder. 1993. The same epitope on CD22 of B lymphocytes mediates the adhesion of erythrocytes, T and B lymphocytes, neutrophils, and monocytes. *J Immunol* 150:4719-4732.

Engelke, M., N. Engels, K. Dittmann, B. Stork, and J. Wienands. 2007. Ca(2+) signaling in antigen receptor-activated B lymphocytes. *Immunol Rev* 218:235-246.

Floyd, H., L. Nitschke, and P.R. Crocker. 2000. A novel subset of murine B cells that expresses unmasked forms of CD22 is enriched in the bone marrow: implications for B-cell homing to the bone marrow. *Immunology* 101:342-347.

Fujimoto, M., A.P. Bradney, J.C. Poe, D.A. Steeber, and T.F. Tedder. 1999. Modulation of B lymphocyte antigen receptor signal transduction by a CD19/CD22 regulatory loop. *Immunity* 11:191-200.

Gerlach, J., S. Ghosh, H. Jumaa, M. Reth, J. Wienands, A.C. Chan, and L. Nitschke. 2003. B cell defects in SLP65/BLNK-deficient mice can be partially corrected by the absence of CD22, an inhibitory coreceptor for BCR signaling. *Eur J Immunol* 33:3418-3426.

Geus, C. 2006. Herstellung von embryonalen Stammzellen mit Mutationen im CD22-Gen. *Diplomarbeit*

Ghosh, S., C. Bandulet, and L. Nitschke. 2006. Regulation of B cell development and B cell signalling by CD22 and its ligands alpha2,6-linked sialic acids. *Int Immunol* 18:603-611.

Grewal, P.K., M. Boton, K. Ramirez, B.E. Collins, A. Saito, R.S. Green, K. Ohtsubo, D. Chui, and J.D. Marth. 2006. ST6Gal-I restrains CD22-dependent antigen receptor endocytosis and Shp-1 recruitment in normal and pathogenic immune signaling. *Mol Cell Biol* 26:4970-4981.

Gross, A.J., J.R. Lyandres, A.K. Panigrahi, E.T. Prak, and A.L. DeFranco. 2009. Developmental acquisition of the Lyn-CD22-SHP-1 inhibitory pathway promotes B cell tolerance. *J Immunol* 182:5382-5392.

Han, S., B.E. Collins, P. Bengtson, and J.C. Paulson. 2005. Homomultimeric complexes of CD22 in B cells revealed by protein-glycan cross-linking. *Nat Chem Biol* 1:93-97.

Heidari, Y., A.E. Bygrave, R.J. Rigby, K.L. Rose, M.J. Walport, H.T. Cook, T.J. Vyse, and M. Botto. 2006. Identification of chromosome intervals from 129 and C57BL/6 mouse strains linked to the development of systemic lupus erythematosus. *Genes Immun* 7:592-599.

Hennet, T., D. Chui, J.C. Paulson, and J.D. Marth. 1998. Immune regulation by the ST6Gal sialyltransferase. *Proc Natl Acad Sci U S A* 95:4504-4509.

Hibbs, M.L., D.M. Tarlinton, J. Armes, D. Grail, G. Hodgson, R. Maglitto, S.A. Stacker, and A.R. Dunn. 1995. Multiple defects in the immune system of Lyn-deficient mice, culminating in autoimmune disease. *Cell* 83:301-311.

Hoffmann, A. 2007. Charakterisierung eines neuen inhibitorischen Rezeptors auf B1 Lymphozyten mit Hilfe von Siglec-G-defizienten Mäusen. *Doktorarbeit*

Jellusova, J., U. Wellmann, K. Amann, T.H. Winkler, and L. Nitschke. 2010. CD22 x Siglec-G double-deficient mice have massively increased B1 cell numbers and develop systemic autoimmunity. *J Immunol* 184:3618-3627.

Jin, L., P.A. McLean, B.G. Neel, and H.H. Wortis. 2002. Sialic acid binding domains of CD22 are required for negative regulation of B cell receptor signaling. *J Exp Med* 195:1199-1205.

John, B., B.R. Herrin, C. Raman, Y.N. Wang, K.R. Bobbitt, B.A. Brody, and L.B. Justement. 2003. The B cell coreceptor CD22 associates with AP50, a clathrin-coated pit adapter protein, via tyrosine-dependent interaction. *J Immunol* 170:3534-3543.

Kawasaki, N., C. Rademacher, and J.C. Paulson. 2010. CD22 Regulates Adaptive and Innate Immune Responses of B Cells. *J Innate Immun*

Kelm, S., J. Gerlach, R. Brossmer, C.P. Danzer, and L. Nitschke. 2002. The ligand-binding domain of CD22 is needed for inhibition of the B cell receptor signal, as demonstrated by a novel human CD22-specific inhibitor compound. *J Exp Med* 195:1207-1213.

Kelm, S., A. Pelz, R. Schauer, M.T. Filbin, S. Tang, M.E. de Bellard, R.L. Schnaar, J.A. Mahoney, A. Hartnell, P. Bradfield, and et al. 1994a. Sialoadhesin, myelin-associated glycoprotein and CD22 define a new family of sialic acid-dependent adhesion molecules of the immunoglobulin superfamily. *Curr Biol* 4:965-972.

Kelm, S., R. Schauer, J.C. Manuguerra, H.J. Gross, and P.R. Crocker. 1994b. Modifications of cell surface sialic acids modulate cell adhesion mediated by sialoadhesin and CD22. *Glycoconj J* 11:576-585.

Kurosaki, T. 2010. Regulation of BCR signaling. *Mol Immunol*

Law, C.L., S.P. Sidorenko, K.A. Chandran, Z. Zhao, S.H. Shen, E.H. Fischer, and E.A. Clark. 1996. CD22 associates with protein tyrosine phosphatase 1C, Syk, and phospholipase C-gamma(1) upon B cell activation. *J Exp Med* 183:547-560.

Müller, J. 2010. Generierung embryonaler Stammzellen mit Mutationen im Genabschnitt des zytoplasmatischen Teils von CD22. *Masterarbeit*

Niiro, H., and E.A. Clark. 2002. Regulation of B-cell fate by antigen-receptor signals. *Nat Rev Immunol* 2:945-956.

Nitschke, L. 2005. The role of CD22 and other inhibitory co-receptors in B-cell activation. *Curr Opin Immunol* 17:290-297.

Nitschke, L. 2009. CD22 and Siglec-G: B-cell inhibitory receptors with distinct functions. *Immunol Rev* 230:128-143.

Nitschke, L., R. Carsetti, B. Ocker, G. Kohler, and M.C. Lamers. 1997. CD22 is a negative regulator of B-cell receptor signalling. *Curr Biol* 7:133-143.

Nitschke, L., H. Floyd, D.J. Ferguson, and P.R. Crocker. 1999. Identification of CD22 ligands on bone marrow sinusoidal endothelium implicated in CD22-dependent homing of recirculating B cells. *J Exp Med* 189:1513-1518.

Nitschke, L., and T. Tsubata. 2004. Molecular interactions regulate BCR signal inhibition by CD22 and CD72. *Trends Immunol* 25:543-550.

O'Keefe, T.L., G.T. Williams, F.D. Batista, and M.S. Neuberger. 1999. Deficiency in CD22, a B cell-specific inhibitory receptor, is sufficient to predispose to development of high affinity autoantibodies. *J Exp Med* 189:1307-1313.

O'Keefe, T.L., G.T. Williams, S.L. Davies, and M.S. Neuberger. 1996. Hyperresponsive B cells in CD22-deficient mice. *Science* 274:798-801.

O'Reilly, M.K., B.E. Collins, S. Han, L. Liao, C. Rillahan, P.I. Kitov, D.R. Bundle, and J.C. Paulson. 2008. Bifunctional CD22 ligands use multimeric immunoglobulins as protein scaffolds in assembly of immune complexes on B cells. *J Am Chem Soc* 130:7736-7745.

O'Reilly, M.K., H. Tian, and J.C. Paulson. 2011. CD22 is a recycling receptor that can shuttle cargo between the cell surface and endosomal compartments of B cells. *J Immunol* 186:1554-1563.

Otipoby, K.L., K.B. Andersson, K.E. Draves, S.J. Klaus, A.G. Farr, J.D. Kerner, R.M. Perlmutter, C.L. Law, and E.A. Clark. 1996. CD22 regulates thymus-independent responses and the lifespan of B cells. *Nature* 384:634-637.

Otipoby, K.L., K.E. Draves, and E.A. Clark. 2001. CD22 regulates B cell receptor-mediated signals via two domains that independently recruit Grb2 and SHP-1. *J Biol Chem* 276:44315-44322.

Pao, L.I., K.P. Lam, J.M. Henderson, J.L. Kutok, M. Alimzhanov, L. Nitschke, M.L. Thomas, B.G. Neel, and K. Rajewsky. 2007. B cell-specific deletion of protein-tyrosine phosphatase Shp1 promotes B-1a cell development and causes systemic autoimmunity. *Immunity* 27:35-48.

Peaker, C.J., and M.S. Neuberger. 1993. Association of CD22 with the B cell antigen receptor. *Eur J Immunol* 23:1358-1363.

Penna, A., A. Demuro, A.V. Yeromin, S.L. Zhang, O. Safrina, I. Parker, and M.D. Cahalan. 2008. The CRAC channel consists of a tetramer formed by Stim-induced dimerization of Orai dimers. *Nature* 456:116-120.

Pillai, S., and A. Cariappa. 2009. The follicular versus marginal zone B lymphocyte cell fate decision. *Nat Rev Immunol* 9:767-777.

Pillai, S., A. Cariappa, and S.T. Moran. 2005. Marginal zone B cells. *Annu Rev Immunol* 23:161-196.

Poe, J.C., M. Fujimoto, P.J. Jansen, A.S. Miller, and T.F. Tedder. 2000. CD22 forms a quaternary complex with SHIP, Grb2, and Shc. A pathway for regulation of B lymphocyte antigen receptor-induced calcium flux. *J Biol Chem* 275:17420-17427.

Poe, J.C., Y. Fujimoto, M. Hasegawa, K.M. Haas, A.S. Miller, I.G. Sanford, C.B. Bock, M. Fujimoto, and T.F. Tedder. 2004. CD22 regulates B lymphocyte function in vivo through both ligand-dependent and ligand-independent mechanisms. *Nat Immunol* 5:1078-1087.

Powell, L.D., R.K. Jain, K.L. Matta, S. Sabesan, and A. Varki. 1995. Characterization of sialyloligosaccharide binding by recombinant soluble and native cell-associated CD22. Evidence for a minimal structural recognition motif and the potential importance of multisite binding. *J Biol Chem* 270:7523-7532.

Powell, L.D., D. Sgroi, E.R. Sjoberg, I. Stamenkovic, and A. Varki. 1993. Natural ligands of the B cell adhesion molecule CD22 beta carry N-linked oligosaccharides with alpha-2,6-linked sialic acids that are required for recognition. *J Biol Chem* 268:7019-7027.

Ramya, T.N., E. Weerapana, L. Liao, Y. Zeng, H. Tateno, J.R. Yates, 3rd, B.F. Cravatt, and J.C. Paulson. 2010. In situ trans ligands of CD22 identified by glycan-protein photocross-linking-enabled proteomics. *Mol Cell Proteomics* 9:1339-1351.

Razi, N., and A. Varki. 1998. Masking and unmasking of the sialic acid-binding lectin activity of CD22 (Siglec-2) on B lymphocytes. *Proc Natl Acad Sci U S A* 95:7469-7474.

Rolli, V., M. Gallwitz, T. Wossning, A. Flemming, W.W. Schamel, C. Zurn, and M. Reth. 2002. Amplification of B cell antigen receptor signaling by a Syk/ITAM positive feedback loop. *Mol Cell* 10:1057-1069.

Samardzic, T., D. Marinkovic, C.P. Danzer, J. Gerlach, L. Nitschke, and T. Wirth. 2002. Reduction of marginal zone B cells in CD22-deficient mice. *Eur J Immunol* 32:561-567.

Santos, L., K.E. Draves, M. Boton, P.K. Grewal, J.D. Marth, and E.A. Clark. 2008. Dendritic cell-dependent inhibition of B cell proliferation requires CD22. *J Immunol* 180:4561-4569.

Sato, S., P.J. Jansen, and T.F. Tedder. 1997. CD19 and CD22 expression reciprocally regulates tyrosine phosphorylation of Vav protein during B lymphocyte signaling. *Proc Natl Acad Sci U S A* 94:13158-13162.

Sato, S., A.S. Miller, M. Inaoki, C.B. Bock, P.J. Jansen, M.L. Tang, and T.F. Tedder. 1996. CD22 is both a positive and negative regulator of B lymphocyte antigen receptor signal transduction: altered signaling in CD22-deficient mice. *Immunity* 5:551-562.

Schamel, W.W., and M. Reth. 2000. Monomeric and oligomeric complexes of the B cell antigen receptor. *Immunity* 13:5-14.

Sgroi, D., A. Varki, S. Braesch-Andersen, and I. Stamenkovic. 1993. CD22, a B cell-specific immunoglobulin superfamily member, is a sialic acid-binding lectin. *J Biol Chem* 268:7011-7018.

Smith, K.G., D.M. Tarlinton, G.M. Doody, M.L. Hibbs, and D.T. Fearon. 1998. Inhibition of the B cell by CD22: a requirement for Lyn. *J Exp Med* 187:807-811.

Smith, S.H., K.M. Haas, J.C. Poe, K. Yanaba, C.D. Ward, T.S. Migone, and T.F. Tedder. 2010. B-cell homeostasis requires complementary CD22 and BLyS/BR3 survival signals. *Int Immunol* 22:681-691.

Stoddart, A., R.J. Ray, and C.J. Paige. 1997. Analysis of murine CD22 during B cell development: CD22 is expressed on B cell progenitors prior to IgM. *Int Immunol* 9:1571-1579.

Tateno, H., H. Li, M.J. Schur, N. Bovin, P.R. Crocker, W.W. Wakarchuk, and J.C. Paulson. 2007. Distinct endocytic mechanisms of CD22 (Siglec-2) and Siglec-F reflect roles in cell signaling and innate immunity. *Mol Cell Biol* 27:5699-5710.

te Riele, H., E.R. Maandag, and A. Berns. 1992. Highly efficient gene targeting in embryonic stem cells through homologous recombination with isogenic DNA constructs. *Proc Natl Acad Sci U S A* 89:5128-5132.

Tedder, T.F., J. Tuscano, S. Sato, and J.H. Kehrl. 1997. CD22, a B lymphocyte-specific adhesion molecule that regulates antigen receptor signaling. *Annu Rev Immunol* 15:481-504.

Thomas, K.R., C. Deng, and M.R. Capecchi. 1992. High-fidelity gene targeting in embryonic stem cells by using sequence replacement vectors. *Mol Cell Biol* 12:2919-2923.

van der Merwe, P.A., P.R. Crocker, M. Vinson, A.N. Barclay, R. Schauer, and S. Kelm. 1996. Localization of the putative sialic acid-binding site on the immunoglobulin superfamily cell-surface molecule CD22. *J Biol Chem* 271:9273-9280.

Varki, A., and R. Cummings. 2009. Essentials in Glycobiology. *Cold Spring Harbor Laboratory Press* 2nd edition:

Walker, J.A., and K.G. Smith. 2008. CD22: an inhibitory enigma. *Immunology* 123:314-325.

Yamazaki, T., K. Takeda, K. Gotoh, H. Takeshima, S. Akira, and T. Kurosaki. 2002. Essential immunoregulatory role for BCAP in B cell development and function. *J Exp Med* 195:535-545.

Yang, Z.Q., E.B. Puffer, J.K. Pontrello, and L.L. Kiessling. 2002. Synthesis of a multivalent display of a CD22-binding trisaccharide. *Carbohydr Res* 337:1605-1613.

Yohannan, J., J. Wienands, K.M. Coggeshall, and L.B. Justement. 1999. Analysis of tyrosine phosphorylation-dependent interactions between stimulatory effector proteins and the B cell co-receptor CD22. *J Biol Chem* 274:18769-18776.

Yu, J., T. Sawada, T. Adachi, X. Gao, H. Takematsu, Y. Kozutsumi, H. Ishida, M. Kiso, and T. Tsubata. 2007. Synthetic glycan ligand excludes CD22 from antigen receptor-containing lipid rafts. *Biochem Biophys Res Commun* 360:759-764.

Zhang, M., and A. Varki. 2004. Cell surface sialic acids do not affect primary CD22 interactions with CD45 and surface IgM nor the rate of constitutive CD22 endocytosis. *Glycobiology* 14:939-949.

Zhang, S.L., Y. Yu, J. Roos, J.A. Kozak, T.J. Deerinck, M.H. Ellisman, K.A. Stauderman, and M.D. Cahalan. 2005. STIM1 is a Ca2+ sensor that activates CRAC channels and migrates from the Ca2+ store to the plasma membrane. *Nature* 437:902-905.

10 Verzeichnisse

10.1 Abbildungsverzeichnis

Abb. 1: Familie der Siglecs
Abb. 2: Modulation des BZR-induzierten Ca^{2+}-Signals durch CD22.
Abb. 3: Schematische Darstellung des Targetvektors pCD22-ITIMko.
Abb. 4: Schematische Abbildung des Kontrollvektors pCD22 ITIM Kontrolle.
Abb. 5: Etablierung der Screening-PCR.
Abb. 6: Ein positiver Klon konnte im PCR-Screening identifiziert werden.
Abb. 7: Screening-PCR der Subklone von 1B6.
Abb. 8: Etablierung der Screening-PCR für den target-Vektor mit dem verlängerten kurzen Arm.
Abb. 9: Wiederholung der Screening-PCR mit Lysaten von 1B6 und 1A6 in höheren Passagen.
Abb. 10: Spezifischer Verdau der stillen Mutationen.
Abb. 11: Ausschnitt aus der Sequenzierung von Exon 13.
Abb. 12: Ausschnitt aus der Sequenzierung von Exon 15.
Abb. 13: Southern Blot der Subklone 1B1 und 4E6.
Abb. 14: Schematische Darstellung des Targetvektors pKS-CD22ex1-5R130E.
Abb. 15: Test der α-2,6 Sialinsäurebindung an B-Zellen der CD22-R130E-Mauslinie.
Abb. 16: Test der CD22-Phosphorylierung und SHP-1-Bindung.
Abb. 17: Oberflächenexpression von CD22.
Abb. 18: Ca^{2+}-Signal in B-Zellen von CD22-R130E- und Kontrollmäusen.
Abb. 19: Ca^{2+}-Signal in B-Zellen der CD22-Y5,6F- und Kontrollmäusen.
Abb. 20: B-Zell-Entwicklungsstadien im Knochenmark von CD22-R130E-Mäusen.
Abb. 21: B-Zell-Entwicklungsstadien im Knochenmark von CD22-Y5,6F-Mäusen.
Abb. 22: Folliküläre und Marginalzonen-B-Zellen in CD22-R130E-Mäusen.
Abb. 23: Folliküläre und Marginalzonen-B-Zellen in CD22-Y5,6F-Mäusen.
Abb. 24: IgM- und IgG3-Serumspiegel im Verlauf der Immunisierung mit TNP-Ficoll bei CD22-R130E-Mäusen.
Abb. 25: IgM- und IgG3-Serumspiegel im Verlauf der Immunisierung mit TNP-Ficoll bei CD22-Y5,6F-Mäusen.
Abb. 26: Einbau von BrdU in Milzzellen.

Abb. 27: Einbau von BrdU in Zellen des Knochenmarks.
Abb. 28: Verteilung von CFSE-positiven B-Zellen nach adoptivem Transfer.
Abb. 29: Anti-Kappa-Koimmunpräzipitation von CD22.
Abb. 30: Kolokalisierung von IgM und CD22 im unstimulierten Zustand.
Abb. 31: Modell für die Rolle der cis-Liganden-Interaktionen von CD22.
Abb. 31: CD22-ITIM-Kontroll- und Targetvektor.
Abb. 32: CD22-ITIM-Kontroll- und Targetvektor mit verlängerten Armen.
Abb. 33: CD22-R130E-Kontroll- und Targetvektor.
Abb. 34: CD22-Y2,5,6F-Targetvektor, nach neuer Strategie umkloniert.

10.2 Abkürzungsverzeichnis

α	alpha
β	beta
γ	gamma
κ	kappa
μ	Micro
Abb	Abbildung
AP	Alkalische Phosphatase
APC	Allophycocyanin
APS	Ammoniumperoxodisulfat
AU	arbitrary units
bio	Biotin
bp	Basenpaare
BLNK	B cell linker protein
BrdU	Bromdesoxyuridin
BSA	bovines Serumalbumin
Btk	Bruton's Tyrosin Kinase
BZR	B-Zell-Rezeptor
°C	Grad Celsius
Ca^{2+}	Calcium
CD	cluster of differentiation
CFSE	Carboxyfluoresceinsuccinimidylester
Cu	Curie
cy	cychrom
Da	Dalton
DAG	Diacylglycerol
dNTP	Desoxynukleosidtriphosphat
DMEM	Dulbecco's modified eagle medium
DMSO	Dimethylsulfoxid
DNA	Desoxyribonukleinsäure
E.coli	Escherichia coli
EDTA	Ethylendiamintetraacetat

ELISA	enzyme-linked immunosorbent assay
EMFI	embryonaler Fibroblast
Erk	extracellular signal regulated kinase
ES-Zelle	embryonale Stammzelle
et al	et alii/alia
FACS	Fluoreszenz-aktivierter Zell-Sortierer
FCS	fötales Kälberserum
FITC	Fluoresceinisothiocyanat
FO	follikulär
G418	Geneticin
hi	high
HRP	Meerettichperoxidase
HSV-TK	Herpes-Simplex-Virus Thymidin-Kinase
Ig	Immunglobulin
IL	Interleukin
i.p.	intraperitoneal
IP3	Inositol-1,4,5-Triphosphat
ITAM	Immunrezeptor Tyrosin-haltiges aktivierendes Motiv
ITIM	Immunrezeptor Tyrosin-haltiges inhibierendes Motiv
i.v.	intravenös
kb	Kilo-Basen
kD	Kilo-Dalton
l	Liter
LB	Luria broth
LIF	Leukämie-inhibierender Faktor
lo	low
LPS	Lipopolysaccharid
m	Milli
M	Molar
MACS	magnetische Zellsortierung
MAP	Mitogen-aktiviertes Protein
MFI	mittlere Fluoreszenzintensität
MHC	Haupthistokompatibilitätskomplex
min	Minute
MZ	Marginalzone
n	Nano
Neo	Neomycinresistenz
NF-κB	nuclear factor κB
OD	optische Dichte
PBS	Phosphat-gepufferte Salzlösung
PCR	Polymerase-Kettenreaktion
PE	Phycoerythrin
Pen	Penicillin
pH	pondrus hydrogenii
PIP2	Phosphatidyinositolbisphosphat
PKC	Proteinkinase C
PLC	Phospholipase C
rpm	Umdrehungen pro Minuten
RPMI	Roswell Park Memorial Institute Medium
RT	Raumtemperatur
SH	Src Homologie

SHP-1	Src homology 2 domain containing protein tyrosine phosphatase 1
Sia	Sialinsäure
Siglec	Sialic acid-binding immuoglobulin-like lectin
Stabw	Standardabweichung
Strep	Streptomycin
Syk	spleen tyrosine kinase
Tab	Tabelle
TEMED	N,N,N',N'-Tetramethylethylendiamin
TI	Thymus-unabhängig
TLR	Toll-like Rezeptor
TNP	Trinitrophenyl
Tyr	Tyrosin
U	Units
u.U.	unter Umständen
UV	ultraviolett
V	Volt
v.a.	vor allem
Vol	Volumen
wt	Wildtyp
Y	Tyrosin
z.B.	zum Beispiel

11 Primer und Vektoren

11.1 Primersequenzen

Primername	Sequenz 5' -> 3'
22-in14S-Xho	aca cac tcg agg ggc ata tgc cat aga gaa
CD22in13/14-3	aag cct tgt aca ggt ccg gc
CD22-3c	cca ctc tgt aga gca ggc tg
pgkprom(1)	aag cgc atg ctc cag act gc
CD22ex11-5B	agt cca gag acc atc ggc aag
OlneoE2	cgg tat cgc cgc tcc cga tt
Yfnes5	ggt gcc tct agg gac tga tt
Yfnes7	ccc tct agg cac caa gaa gc
Yfnes8	cca tca cag ctc gca tgc atg a
neoneu3	cct gct ctt tac tga agg ctc
neoneu2	cca gct cat tcc tcc cac tca
neoneu1	tga aga acg aga tca gca gcc
ITIMko-ver2	gtc tct aac tgt agt cca ggt
ITIMko-ver2_2	ctg cac ttg gct tct att cag
ITIMko-ver2_3	cct gag cta cag agt gag ttg
ITIMko-ver2_4	gtg tgg ctc agt ggt aga g
CD22son3	agg ggc ttc tat act ctc aat ga
CD22son4	gcc tag acc cac agt tgc tt
LoxP_rev_2	cat gag caa ttg tcc tac c
LoxP_for_2	acc tga gag cct cga caa
loxP rev	taa tct atc cta tac gaa gtt at
CD22-R130E-FW	gtt aga ggt cat gtc tga g
CD22-R130E-REV	cac acc tag gag caa tca tg
CD22Y2,5,6-FW	ctc aag cct tct ccc act g
CD22Y2,5,6-FW_2	gat aat caa ggc aga gac tgt
CD22Y2,5,6-REV	gaa tat gca aga ccc ggt ag
CD22Y2,5,6-REV_2	gaa tgg tgg cag act taa gtc

11.2 Vektorkarten

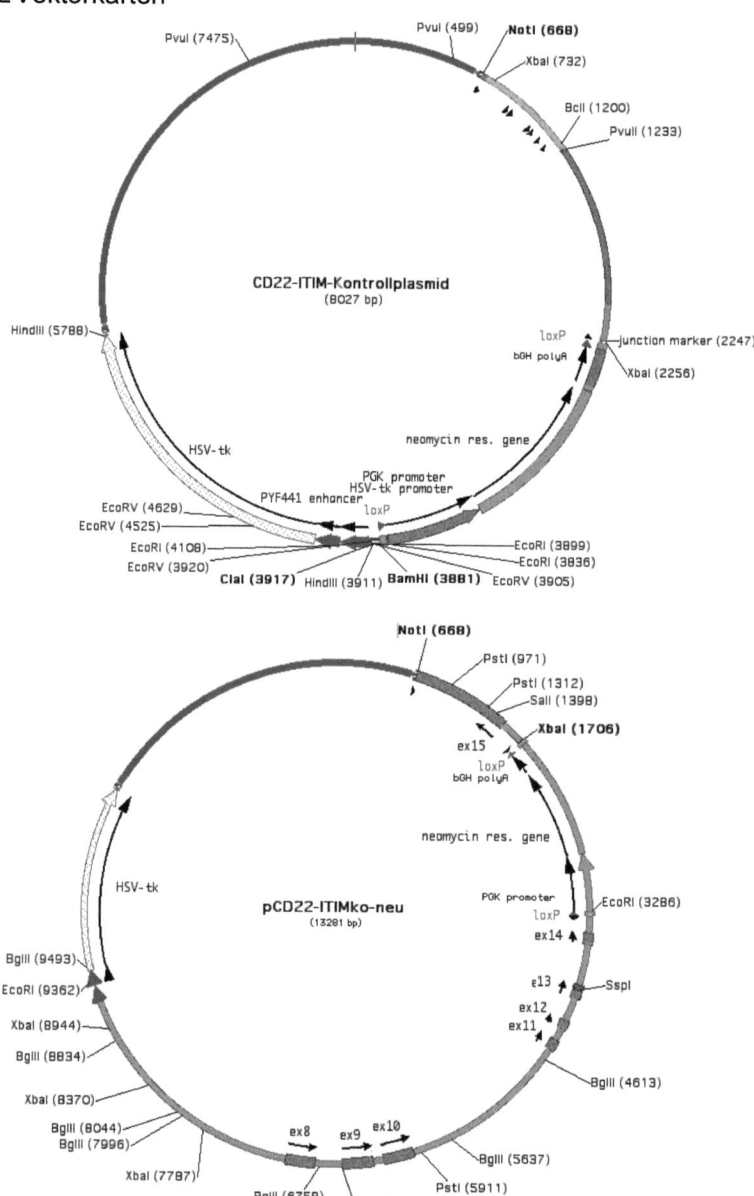

Abb. 31: **CD22-ITIM-Kontroll- und Targetvektor.** Oben: Kontrollvektor, unten: Targetvektor

Primer und Vektoren

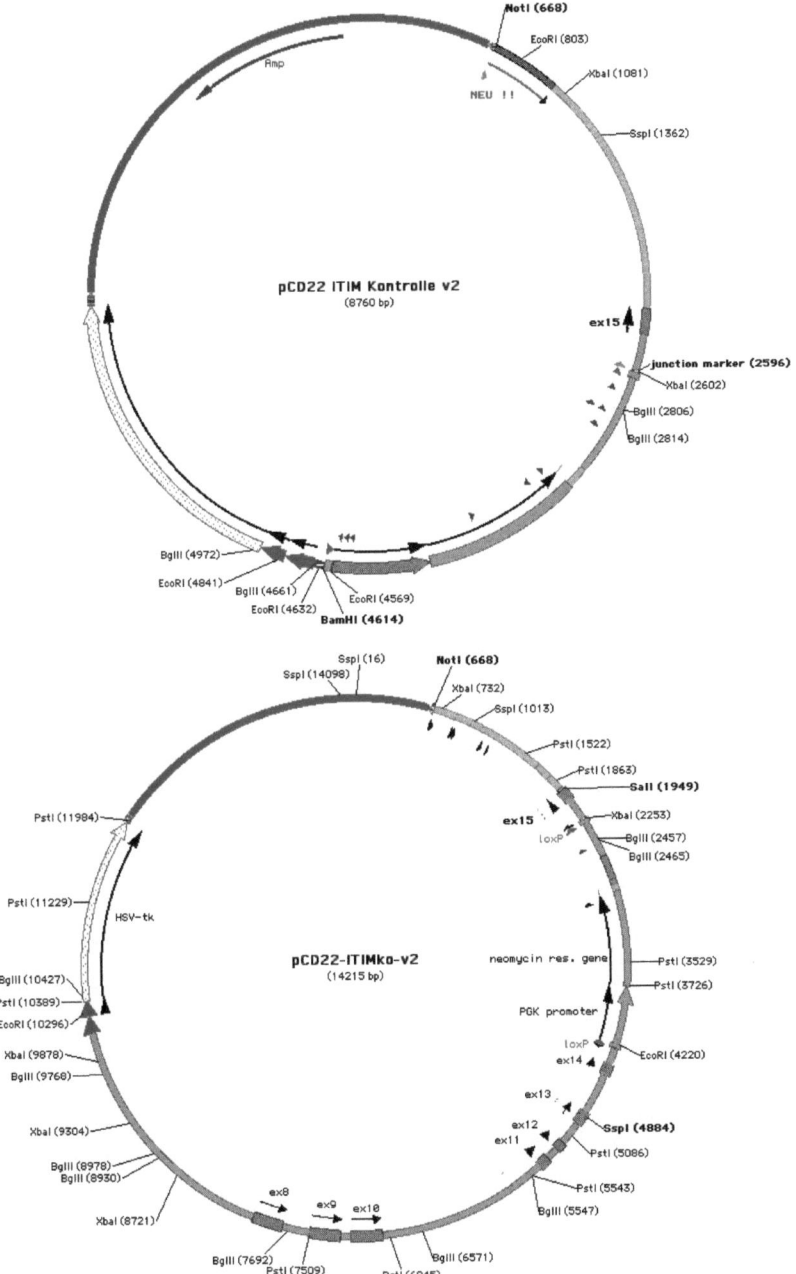

Abb. 32: CD22-ITIM-Kontroll- und Targetvektor mit verlängerten Armen. Oben: Kontrollvektor, unten: Targetvektor

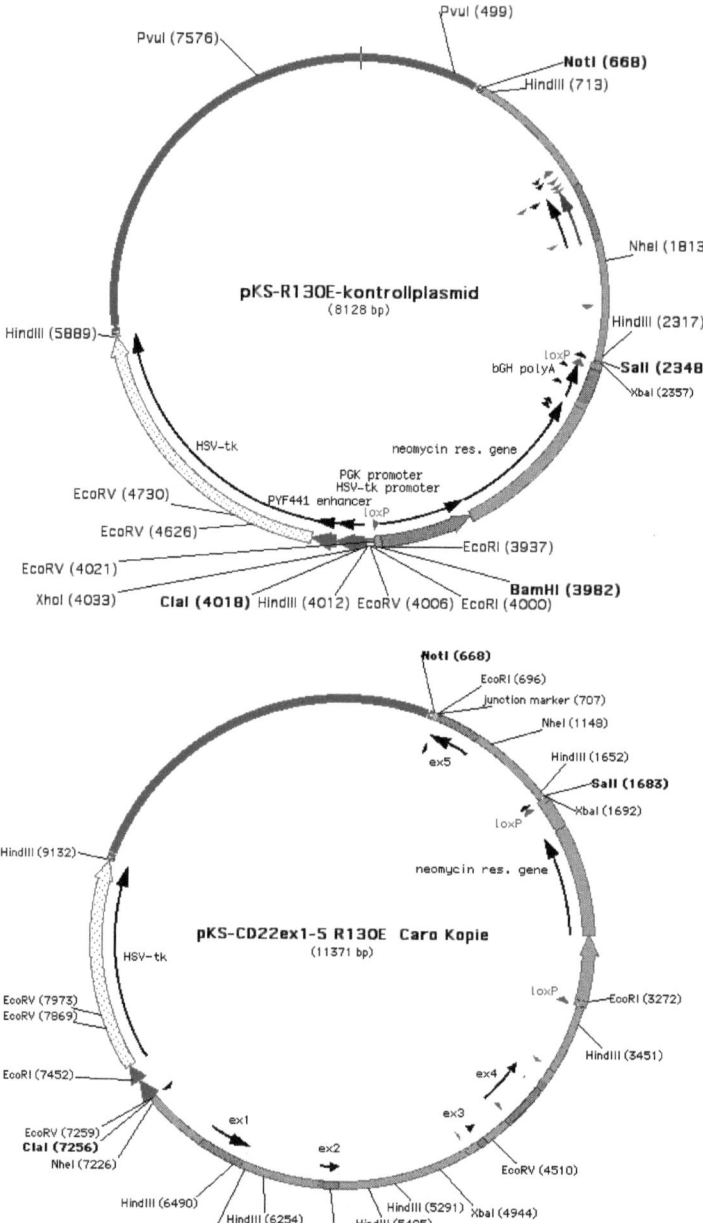

Abb. 33: CD22-R130E-Kontroll- und Targetvektor. Oben: Kontrollvektor, unten: Targetvektor

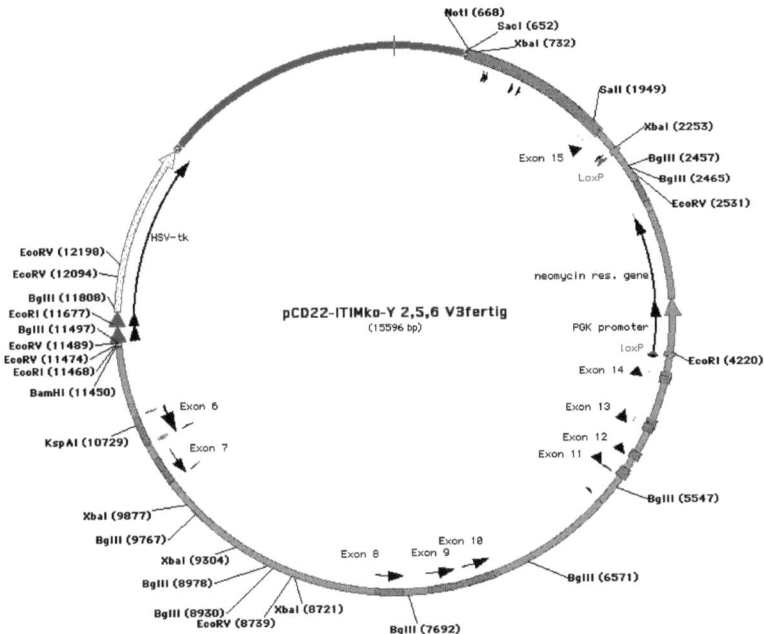

Abb. 34: CD22-Y2,5,6F-Targetvektor, nach neuer Strategie umkloniert.

Die VDM Verlagsservicegesellschaft sucht für wissenschaftliche Verlage abgeschlossene und herausragende

Dissertationen, Habilitationen, Diplomarbeiten, Master Theses, Magisterarbeiten usw.

für die kostenlose Publikation als Fachbuch.

Sie verfügen über eine Arbeit, die hohen inhaltlichen und formalen Ansprüchen genügt, und haben Interesse an einer honorarvergüteten Publikation?

Dann senden Sie bitte erste Informationen über sich und Ihre Arbeit per Email an *info@vdm-vsg.de*.

Sie erhalten kurzfristig unser Feedback!

VDM Verlagsservicegesellschaft mbH
Dudweiler Landstr. 99
D - 66123 Saarbrücken

Telefon +49 681 3720 174
Fax   +49 681 3720 1749

www.vdm-vsg.de

Die VDM Verlagsservicegesellschaft mbH vertritt

Printed by Books on Demand GmbH, Norderstedt / Germany